Grasshopper
参数化技术

从基础建模到数字设计

燕海南　杨　艳　曹雅男　王　军　◎编著

华中科技大学出版社
http://www.hustp.com
中国·武汉

内 容 简 介

当下，参数化技术是建筑行业相关从业人员及在校学生需要掌握的重要技能。本书内容主要包括 Grasshopper 参数化建模与分析、参数化建筑性能模拟与优化、参数化建筑设计案例解读，以求全面剖析参数化技术。本书适合建筑设计、景观设计、城市设计等相关领域的在校学生、科研人员及在职设计师参阅，也可以作为高职类院校相关课程的教材或教学参考书。

图书在版编目(CIP)数据

Grasshopper 参数化技术：从基础建模到数字设计/燕海南等编著.—武汉：华中科技大学出版社，2022.2（2025.1 重印）
ISBN 978-7-5680-7758-3

Ⅰ.①G… Ⅱ.①燕… Ⅲ.①建筑设计-计算机辅助设计-应用软件 Ⅳ.①TU201.4

中国版本图书馆 CIP 数据核字(2022)第 019548 号

Grasshopper 参数化技术：从基础建模到数字设计
Grasshopper Canshuhua Jishu:Cong Jichu Jianmo Dao Shuzi Sheji

燕海南 杨艳 曹雅男 王军 编著

策划编辑：金 紫
责任编辑：卢 苇
封面设计：刘 婷 赵慧萍
责任校对：阮 敏
责任监印：朱 玢
出版发行：华中科技大学出版社(中国·武汉) 电话：(027)81321913
　　　　　武汉市东湖新技术开发区华工科技园 邮编：430223
录　　排：华中科技大学惠友文印中心
印　　刷：武汉科源印刷设计有限公司
开　　本：787mm×1092mm　1/16
印　　张：11.75
字　　数：278 千字
版　　次：2025 年 1 月第 1 版第 2 次印刷
定　　价：78.00 元

前言　PREFACE

参数化技术的兴起由来已久，相关从业者对其的理解也日益加深。从繁复自由的形式到约束关联的逻辑，我们可以从各个维度领略到参数化技术的魅力。参数化技术反映了当下建筑设计实践中重要的思潮和操作手段，参数化技术的普及与发展也有效回应了建筑设计所应承担的环境责任与社会责任等，从而使得技术本身体现出更为宏大的使命。

参数化技术的初学者应着眼于夯实技术基础。使用参数化的方法做设计，就是将编程的思维引入设计中，使用算法逻辑来生成模型。这样的设计方法可以将建筑的形态、功能和构造通过算法逻辑来描述，不仅能拓展建筑师对形式的操控能力，也能使建筑设计更为理性、更具适应性。Grasshopper 是一个应用广泛的参数化设计平台，采用了图形化编程的设计方法，很多常用算法都被封装在其模块中，并在图形化的界面中进行组合，因此 Grasshopper 使用简便且效率很高。此外，Grasshopper 有众多插件可以将不同的几何建模、物理模拟、性能优化的算法引入其系统，拓展其功能，而且插件数量在快速增加。因此，Grasshopper 是一个在方案创作和日常设计中都非常有价值的工具。

本书作为一本讲解 Grasshopper 参数化技术的书籍，对 Grasshopper 从参数化建模基础到数字化设计方法进行了全面、系统的演绎，同时结合充分的设计案例解读，力求让读者对参数化建模方法和设计思维有较为深入的理解。

本书 Part A 包括第 1～4 章，主要讲解 Grasshopper 的建模方法。Part B 包括第 5～6 章，对参数化建筑性能模拟与优化的方法进行了全面的介绍。Part C 包括第 7 章，对参数化建筑设计案例进行解读，使读者对 Grasshopper 参数化技术有更深入的理解，并能够举一反三，从而创作出更为优秀、高效的设计方案。

　　本书的主要编写人员包括燕海南、杨艳、曹雅男、王军、杨东来、陈启宁、李家祥、陈瑾民、唐超、金叶宁椊等。在编写过程中参考了相关书籍、网站等的资源，并在书中进行了说明。在此一并表示感谢！

　　由于编者水平有限且时间紧张，本书难免存在错漏之处，恳请相关专家不吝赐教，提出宝贵的建议！如想与编者沟通，请通过电子邮箱(yanhainan2013@gmail.com)联系。

编者
2021 年 5 月

目　录

PART A　Grasshopper 参数化建模与分析

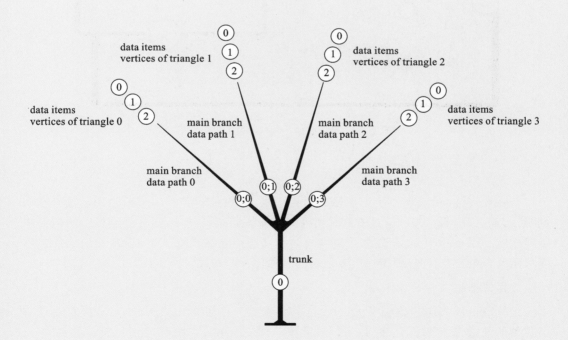

data items
vertices of triangle 1

data items
vertices of triangle 2

data items
vertices of triangle 0

main branch
data path 1

main branch
data path 2

data items
vertices of triangle 3

main branch
data path 0

main branch
data path 3

trunk

第 1 章　Grasshopper 入门

1.1　Grasshopper 的用户操作界面

扫码观看
配套视频

1.1.1　界面介绍

Grasshopper 为内置于 Rhinoceros(以下简称 Rhino)中的插件,打开 Grasshopper 后将弹出一个操作窗口(A),如图 1.1-1 所示,该窗口始终与 Rhino 三维建模环境(B)共存,D 是一个由可视化算法(C)生成的几何物体。Grasshopper 与 Rhino 实时联动,Grasshopper 运算结果可实时在 Rhino 中显示,便于用户进行即时的交互操作。

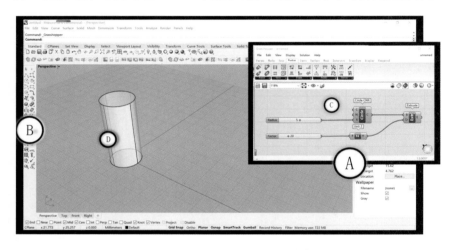

图 1.1-1　Rhino 和 Grasshopper 联动界面

Grasshopper 编辑器可以分为四个部分,如图 1.1-2 所示。

1. 菜单栏

Grasshopper 的菜单栏使用了 Windows 操作系统的典型布局,菜单栏用于执行基本的操作,如打开、保存等。其最右侧有文件浏览器按钮,用于在不同的已经加载的文件中来回切换。Grasshopper 允许多个文件同时被加载。默认情况下,一个新建的文件名称会显示为"unnamed",直到用户用一个新的名称保存此文件。

2. 运算器栏

运算器也被称作"电池组",每一个运算器都是一个可视化算法的节点,用户通过对运算器的连接来实现算法的生成。如果想使用它们,须将相应的图标拖曳到工作面板中。

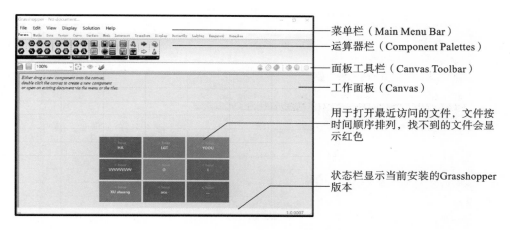

图 1.1-2　Grasshopper 编辑器介绍

图中标注（从上到下）：
菜单栏（Main Menu Bar）
运算器栏（Component Palettes）
面板工具栏（Canvas Toolbar）
工作面板（Canvas）
用于打开最近访问的文件，文件按时间顺序排列，找不到的文件会显示红色
状态栏显示当前安装的Grasshopper版本

3. 面板工具栏

面板工具栏包含一些可视化选项，例如显示模式的设置以及标注等。

4. 工作面板

工作面板是用户创建算法的地方，如图 1.1-3 所示，用户可以使用以下两种方法在工作面板中放置运算器。

（1）直接将运算器图标拖到工作面板中。

（2）双击工作面板的任意位置，然后在弹出的运算器搜索框中输入运算器的名称。当在运算器搜索框中输入运算器名称的第一个字母时，Grasshopper 会弹出一个匹配搜索条件的运算器列表。

1.1.2　中轴键菜单

Grasshopper 中轴键的菜单包括许多快捷功能：导航、首选项、群组、打包、预览、隐藏、启用、禁用、烘焙、缩放、禁用运算器、重新计算和查找（图 1.1-4）。这些功能可以显著提高 Grasshopper 的编辑速度。例如，要禁用两个或更多运算器的预览，可执行以下操作：选择运算器，按下鼠标中轴键，单击"隐藏"按钮以禁用预览。

图 1.1-5 为利用中轴键进行群组（Group）操作：选中需要群组的运算器，按下中轴键，单击"group"选项，生成群组的方框轮廓。右键单击这个方框，可以打开群组设置菜单，对群组进行命名、外观设置等。

1.1.3　预览

Grasshopper 通过 Rhino 中的颜色和图形显示运算器的运行状态。在默认情况下，工作中的运算器会生成一个预览结果，在 Rhino 中以红色显示。可以通过菜单栏中的"Display"进行显示模式的设置，包括"无预览（No Preview）""线框预览（Wireframe Preview）""着色预览（Shaded Preview）"等选项。也可以通过"预览设置（Preview Settings）"对预览的颜色、透明度等进行设置。面板工具栏（Canvas Toolbar）中也有预览

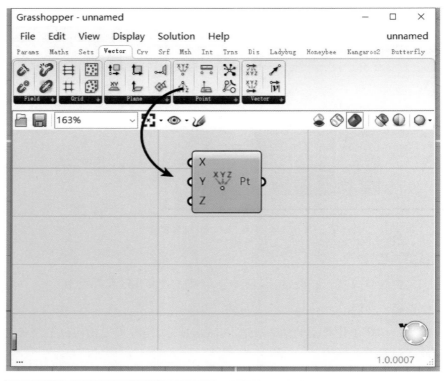

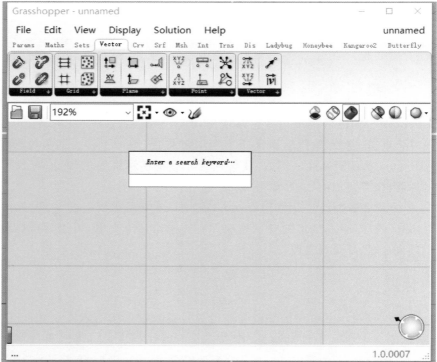

图 1.1-3　放置运算器的两种方法

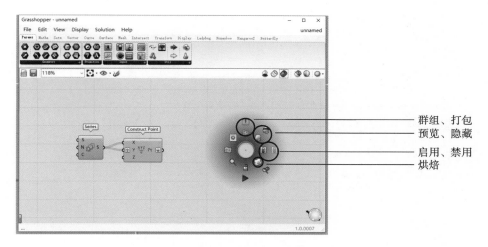

群组、打包
预览、隐藏
启用、禁用
烘焙

图 1.1-4　Grasshopper 中轴键菜单功能

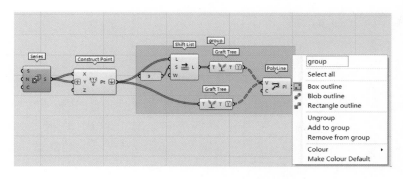

图 1.1-5　Grasshopper 群组功能

设置选项,可以点击其中的"文档预览设置(Document Preview Settings)"选项设置预览颜色,如图 1.1-6 所示。

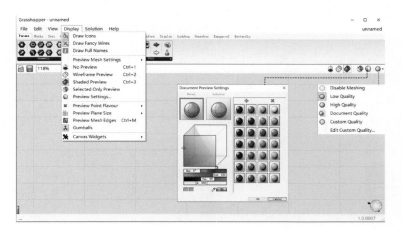

图 1.1-6　Grasshopper 预览相关设置

如图 1.1-7 所示,右键单击运算器名称并从菜单中选择"预览(Preview)"选项可以启用或禁用预览,当禁用预览时,运算器背景将变为深灰色。中轴键菜单中也有"预览(Preview)"按钮。当算法变得复杂时,启用及禁用预览至关重要,对于部分无须显示的运算器,须及时禁用预览。

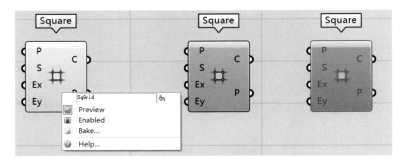

图 1.1-7　Grasshopper 预览的启用及禁用

1.2　运算器与数据

1.2.1　运算器属性

　　一个放置在工作面板中的标准运算器是由一个节点表示的,该节点需要一组已定义的数据来运算并输出结果。大多数运算器由三个部分组成:输入端(Input)、名称(Name)、输出端(Output)。图 1.2-1 是创建点(Construct Point)运算器,这个运算器用于在 Rhino 的 3D 环境中通过坐标值创建一个点。

　　每个运算器的输入端(Input)都要匹配不同类型的特定格式的数据。创建点(Construct Point)运算器拥有 X 输入端、Y 输入端、Z 输入端。

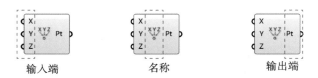

图 1.2-1　创建点(Construct Point)运算器的组成

　　名称(Name)有多种显示模式,如图 1.2-2 所示[Pt 表示点(Point)]。通过运算器右键菜单的第一行可以对其进行重命名。通过菜单栏可激活图标显示模式,使运算器显示图标而不显示名称。

图 1.2-2　运算器名称显示模式

输出端(Output)输出特定格式的运算结果。创建点(Construct Point)运算器拥有一个输出端,它以坐标(x,y,z)的格式来定义输出的点。

将鼠标指针悬停在运算器的各个部分上时,可以看到不同的属性信息,如图 1.2-3 所示。

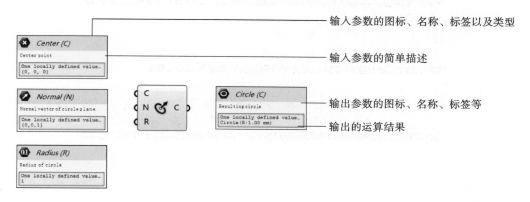

图 1.2-3　运算器属性信息

1.2.2　运算器栏

Grasshopper 的运算器主要有以下几种。

(1)原始数据(Primitive):如点(Point)运算器、曲线(Curve)运算器、曲面(Surface)运算器。

(2)几何实体(Geometric Entitie):如向量(Vector)运算器。

(3)几何算法(Geometric Operation):如拉伸(Extrusion)运算器、旋转(Rotation)运算器、旋转成体(Revolution)运算器。

这些运算器被一系列的标签[如参数(Params)、数学(Maths)、集合(Sets)]分组,又被各个面板组织。

例如,参数(Params)标签包含四个面板:几何物体(Geometry)、原始数据(Primitive)、输入(Input)、其他(Util)。每一个面板都有一系列的运算器。

本书使用运算器名称(Name)[标签(Tabs)→面板(Panel)]的方式来表示运算器的位置。例如,直线(Line)[参数(Params)→几何物体(Geometry)]表示直线(Line)运算器可以在参数(Params)标签的几何物体(Geometry)面板中找到。

图 1.2-4 为三个不同的运算器标签——参数、向量和曲线,以及它们的面板。在默认情况下,标签会显示每个面板中可以选择并使用的运算器。点击面板上的黑色区域,会出现下拉菜单,展示全部可用的运算器。

用户可以在运算器的右键菜单中单击"Help"找到该运算器的说明文档,其中包含运算器的属性和操作方法,如图 1.2-5 所示。

如图 1.2-6 所示,当用户无法找到目标运算器所在运算器栏中的位置时,可以对目标运算器使用"Ctrl+Alt+左键单击"的组合快捷键,Grasshopper 将会自动通过箭头和圈注的形式提示运算器在运算器栏中的位置。

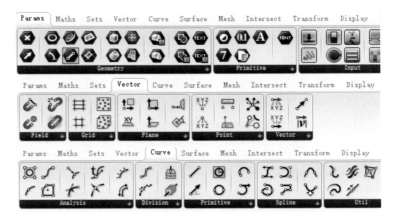

图 1.2-4　Grasshopper 的运算器栏

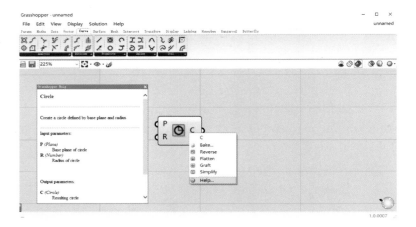

图 1.2-5　运算器说明文档

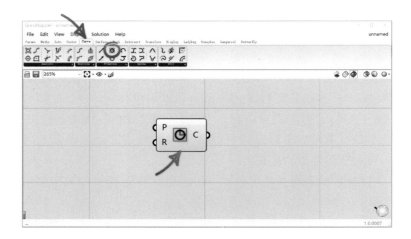

图 1.2-6　运算器位置查询方法

1.2.3 运算器状态与颜色

运算器的错误连接会导致文件无法正常运行。如图 1.2-7 所示,Grasshopper 通过运算器的背景颜色来表示它们的状态并报告可能的错误。运算器的状态可分为以下三种。

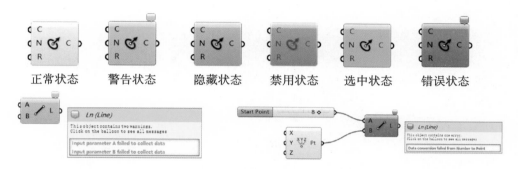

图 1.2-7 运算器状态与颜色

1. 正常状态(灰色或绿色)

一个有效的算法是由正常状态的运算器组成的。正常状态(即连接正确)的运算器背景为灰色,当运算器被选中后会变为绿色,运算器被隐藏后会变为深灰色,运算器被禁用后会变为暗灰色。

2. 警告状态(橙色)

警告状态的运算器背景为橙色。通常警告状态与数据缺失有关。例如,将直线(Line)运算器放置在工作面板中时,它处于警告状态,即背景为橙色,这是因为该运算器需要两个点(A 和 B)才能创建线。如果将点 A 和 B 连接到该运算器的输入端,则运算器背景将变为灰色并在 Rhino 中生成一条线。

处于警告状态的运算器始终显示气泡[如果未显示,则用户可以通过显示(Display)→工作面板部件(Canvas Widgets)→消息气泡(Message Balloons)来激活气泡显示功能]。将鼠标指针悬停在气泡上,会出现一个消息框,提示警告的可能原因。

3. 错误状态(红色)

如果用户未按照要求输入数据,则运算器会处于错误状态,背景变为红色。每个连接运算器输入端的数据都必须是特定的格式。例如,用户使用数字而不是点(x,y,z)来连接直线(Line)运算器的输入端,则直线(Line)运算器背景会变为红色,因为该运算器输入端数据必须为点(x,y,z)的格式。

处于错误状态的运算器不会输出任何结果。如果用户将灰色运算器与红色运算器相连,则它们之间不会创建或传输任何数据。因此,处于错误状态的运算器会影响与其直接或间接连接的运算器。

1.2.4　数据装载

　　数据可以通过右键单击输入端在弹出菜单中进行设置。例如,对于如图 1.2-8 所示的创建点(Construct Point)运算器,要修改 X 输入端,可以右键单击 X 输入端,选择"设定数据(Set Number)"选项,单击"Commit changes",输入"3.0";对 Y 输入端和 Z 输入端重复这个操作,分别输入"3.0"和"2.0",则创建点(Construct Point)运算器将生成一个坐标为(3.0,3.0,2.0)的点。

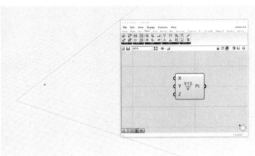

图 1.2-8　右键单击输入端进行数据装载

　　连线输入用于在不同运算器之间输送数据,以创建更多复杂的算法。连线将数据从一个运算器的输出端传送到另一个运算器的输入端。创建点(Construct Point)运算器的输入端可以接收其他运算器输出的数据。数字滑块(Number Slider)可生成数值,通过移动滑块可以生成一个在数值区间中的数字,并传送到其他运算器。

　　如图 1.2-9(a)所示,若要将数据传送到另一个运算器,可用鼠标左键按住数字滑块(Number Slider)的输出端,会出现连线,将连线的末端拖动到另一个运算器的输入端即

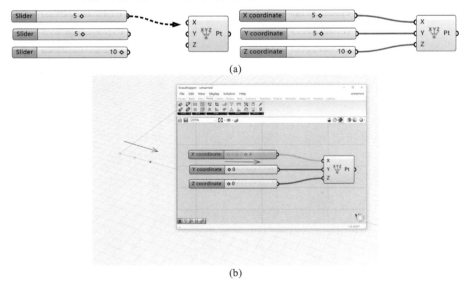

(b)

图 1.2-9　数据传送

可,数字滑块(Number Slider)将根据连线所连接的输入端名称重新命名。

如图 1.2-9(b)所示,将数字滑块(Number Slider)的输出端连接到创建点(Construct Point)运算器的输入端,就可以通过移动滑块来参数化地改变点的位置。

如图 1.2-10 所示,滑块的属性可以通过双击数字滑块(Number Slider)名称,在弹出的属性菜单中更改。在菜单中,可以设置数值的区间、滑块的最小值与最大值,以及数值四舍五入方式[浮点数(R)、整数(N)、偶数(E)或奇数(O)]等。如果滑块的数值四舍五入方式设置为 R,则可以设置小数位数(Digits)。

创建带有特定值的数字滑块(Number Slider)的一种更快、更简单的方法是双击工作面板中的任意位置,在搜索框中输入一个数字(例如 5)即可。数字滑块(Number Slider)将被添加到工作面板中,且被设置为包含定义数值的默认值域和一个预设数字(即 5)。

图 1.2-10　数字滑块(Number Slider)属性

数字滑块(Number Slider)的值域和值可以通过在工作面板的搜索框中输入"0<5<50"来指定。本案例将值域设置为(0,50),数字滑块(Number Slider)的值设置为 5,如图 1.2-11 所示。

图 1.2-11　数字滑块(Number Slider)值域和值

如图 1.2-12(a)所示,如果在工作面板的搜索框中输入"0.5",那么工作面板中将出现一个数值四舍五入方式设置为浮点数(R),保留一位小数,默认值域在 0～1 之间,值为0.5 的数字滑块(Number Slider)。

如图 1.2-12(b)所示,如果在工作面板的搜索框中输入"0-5",那么工作面板中将出现一个值为－5.000 的数字滑块(Number Slider),其默认值域在－10～0 之间。

在工作面板的搜索框中输入"-",会出现一个减法(Subtraction)运算器。

(a)   (b)

图 1.2-12　数字滑块(Number Slider)使用技巧

Grasshopper 中另一个重要的运算器是面板(Panel)运算器,它既可以连接其他运算器的输入端,也可以作为显示面板用于查看其他运算器的数据信息,包含数据的结构及具体数值,如图 1.2-13 所示。用户可以通过双击该运算器进入输入状态,输入数值、文字、路径等数据,并将其与其他运算器的输入端相连。如果想让输入的数据成为列表形式,可以右键点击面板(Panel)运算器,在右键菜单中点击"多行数据(Multiline Data)"选项,则数据将以列表的形式被输入。右键菜单中也有许多其他的排列方式和颜色可供选择。该运算器在连接其他运算器的输出端时,数据以列表或树状数据结构的形式呈现,具体内容将在后面的章节进行详细讲解。

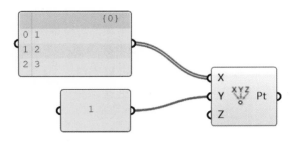

图 1.2-13　面板（Panel）运算器

1.3　Grasshopper 工作流及案例演示

1.3.1　设定对象

Grasshopper 与 Rhino 之间可以实现强大的交互功能，并将生成的结果在 Rhino 中显示；也可以将 Rhino 中现有的几何物体拾取到 Grasshopper 中。

例如，使用直线（Line）运算器时，用户可以右键单击 B 输入端，然后在弹出的菜单中选择"设定一个点（Set one Point）"选项，Grasshopper 的窗口将最小化，界面则跳转为 Rhino 界面，用户可以在 Rhino 中选择一个点，如图 1.3-1 所示。

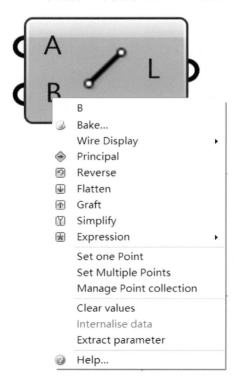

图 1.3-1　直线（Line）运算器输入端右键菜单

一旦用户设置了 A 输入端和 B 输入端,该运算器就会变成灰色并生成一条线。如果想同时拾取多个点,则须点击"多点拾取(Set Multiple Points)"选项。当有多个点被拾取后,可以在点集管理器(Manage Point Collection)中编辑和查看。这些点被直接存储在输入端中,如果这些点在 Rhino 中移动,则该线将被关联更新。如果要清空输入的数据,可以右键单击输入端以调出菜单,然后选择"清除值(Clear values)"选项。

参数(Params)标签的几何物体(Geometry)面板和原始数据(Primitive)面板中包含一些黑色六边形图标,是用于存储数据的运算器。如果要设置一个点,可以选择点(Point)运算器并将其放置在工作面板中,右键单击该运算器,然后在弹出的菜单中选择"设置一个点(Set one Point)"选项,如图 1.3-2 所示。

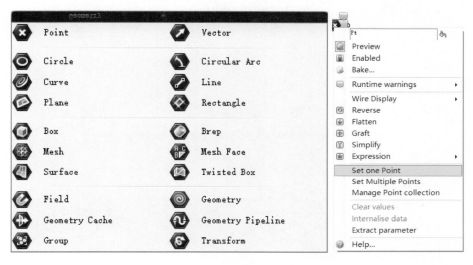

图 1.3-2　设置一个点

1.3.2　连线处理

如果激活了复杂线型显示(Draw Fancy Wires)模式,Grasshopper 将根据数据结构的类型来区分连线的类型(图 1.3-3～图 1.3-6),具体如下。

1. 橙色实线

没有数据传输的运算器之间,连线为橙色实线。

图 1.3-3　无数据传输

2. 细黑色实线

包含一个数据(如一个数值、一个几何物体等)的运算器之间,连线为细黑色实线。

图 1.3-4   单个数据传输

3. 黑色双实线

包含多个数据的运算器之间,连线为黑色双实线。

图 1.3-5   多个数据传输

4. 灰色双虚线

包含树状数据的运算器之间,连线为灰色双虚线。

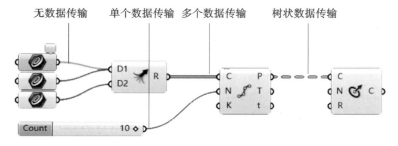

图 1.3-6   无数据传输、单个数据传输、多个数据传输、树状数据传输

如图 1.3-7 所示,Grasshopper 允许用户设置"隐藏连线显示"模式。在这个模式下,如果没有选中运算器,将看不见运算器之间的连线。可以在每个运算器输入端的右键菜单中选择"连线显示(Wire Display)→隐藏(Hidden)"来激活这个模式。还可以选择"连线显示(Wire Display)→细线(Faint)",将运算器之间的连线变为非常细的半透明线。如果一个文件中有许多连线,则"细线(Faint)"和"隐藏(Hidden)"选项会非常实用。

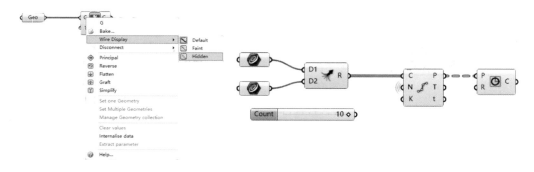

图 1.3-7   连线显示模式设置

按住鼠标左键将鼠标指针从一个运算器的输出端移动到另一个运算器的输入端,可以完成运算器之间的连接。

如图 1.3-8 所示,当要取消运算器之间的连接时,可以按住"Ctrl"键再重复一遍连接动作;或者在其中一个运算器输入端的右键菜单中选择"取消连接(Disconnect)",然后选择要取消连接的另一个运算器的名称。

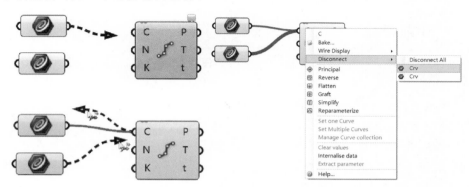

图 1.3-8　取消运算器之间的连接

1.3.3　保存与烘培

使用菜单栏的"文件(File)"菜单中的"保存文档(Save Document)"或"将文档另存为(Save Document As)"选项可以保存 Grasshopper 文件。Grasshopper 文件的默认扩展名是".gh",该文件不可直接执行。因此,要打开以前保存的 Grasshopper 文件,用户必须启动 Rhino,加载 Grasshopper 并打开该文件。

".gh"文件采用二进制格式,这意味着它将数据存储为纯字节。Grasshopper 文件也可以另存为扩展名为".ghx"的文件。".ghx"文件以 XML 格式编写,用户可以使用文本编辑器对其进行修改。因此,".ghx"文件比".gh"文件大。

Grasshopper 运算器生成的结果在 Rhino 中显示为红色预览状态,预览状态无法编辑,这意味着用户无法在 Rhino 中选择它们或者将它们另存为 Rhino 文件、进行渲染等。此外,如果用户关闭 Grasshopper,运算器生成的结果将消失。

要编辑某个运算器生成的结果,用户必须将该结果"烘焙(Bake)"到 Rhino 中。右键单击该运算器,从弹出的菜单中选择"烘焙(Bake)"选项即可,如图 1.3-9(a)所示。

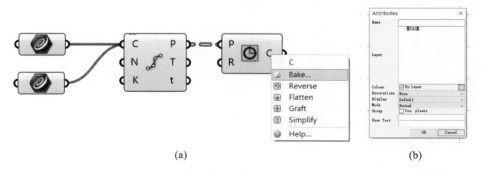

(a)　　　　　　　　　　　　　　　(b)

图 1.3-9　烘焙操作

选择"烘焙(Bake)"选项后,将弹出"属性(Attributes)"窗口,该窗口允许用户设置多个属性,例如目标图层、颜色以及是否群组等,如图1.3-9(b)所示。

烘焙后,可以通过在 Grasshopper 中修改参数来更改几何物体的形状。要撤消烘焙操作,只需在 Rhino 中删除几何物体或在 Rhino 命令行中输入"撤销(undo)"即可。如果用户正在 Rhino 中运行某个命令,此时 Grasshopper 无法进行烘焙操作。

1.3.4 分割曲线

分割曲线(Divide Curve)运算器可以将一条开放或闭合的曲线划分为多段相等弧长的曲线。如图1.3-10所示,给定一条从 Rhino 中拾取的曲线(连接 C 输入端)和一个整数(连接 N 输入端),如果曲线是开放的,则生成 $N+1$ 个点(P 输出端输出);如果曲线是闭合的,则生成 N 个点。这些点被存储在一个列表中。

可以使用点列表(Point List)运算器显示每个点的索引序号。该运算器没有用于可视化的输出端,因此无法将序号烘焙到 Rhino 中。点列表(Point List)运算器允许用户通过 S 输入端设置输出文本大小。

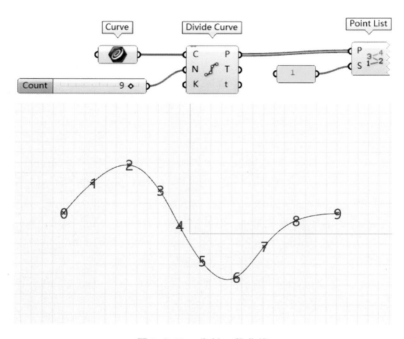

图 1.3-10 分割一段曲线

1.3.5 移动对象

使用传统的建模软件时,很多操作在执行"数学/几何"运算时是无法被实时观察到的。例如,移动(Move)运算器根据指定的向量执行移动,向量包括方向和长度(或大小)。可以使用向量 XYZ(Vector XYZ)运算器定义向量,也可以通过坐标轴指定默认单位向量。

图1.3-11为使用移动(Move)运算器沿向量移动几何物体(G)。向量是通过单位向

量 X(Unit X)运算器定义的,默认情况下,单位向量 X(Unit X)运算器指代方向平行于 X 轴且长度等于 1 的单位向量。为了放大向量,将数字滑块(Number Slider)连接到单位向量 X(Unit X)运算器的 F 输入端,此时,Rhino 中会显示初始几何物体和移动后的几何物体,如图 1.3-12 所示。如果想仅显示移动后的几何物体,须关闭几何物体(Geometry)运算器的预览。

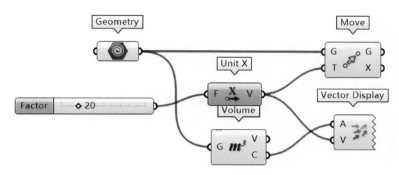

图 1.3-11 使用移动(Move)运算器移动几何物体

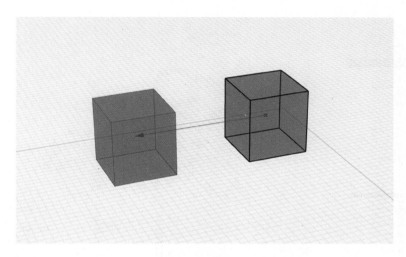

图 1.3-12 原始几何物体和移动后的几何物体

默认情况下,向量是不可直接预览的,但可以使用特定的可视化运算器——向量显示(Vector Display)运算器来显示向量。向量显示(Vector Display)运算器可显示起点(A)和向量(V)。

第 2 章 在 Grasshopper 中管理数据

2.1 数据管理

扫码观看
配套视频

2.1.1 树状数据结构

Grasshopper 中往往涉及对大量数据的处理,通常会将数据存储在一个数组当中,数组被称为"列表(List)"。在列表(List)当中,每项数据都有特定的位置,用户可通过访问特定的序号来获取想要的数据。当数据变得复杂时,可以将多个列表(List)放到一起进行处理,就像多个"树枝"组合成为一棵"树"一样,多个列表(List)组合成为树状数据结构,如图 2.1-1 所示。

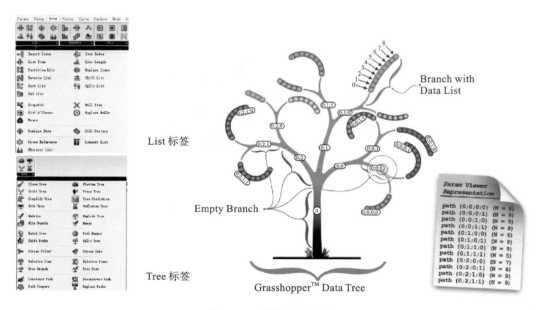

图 2.1-1 树状数据结构

2.1.2 Panel 运算器与 Param Viewer 运算器

在 Grasshopper 中,最为重要的是对数据结构的梳理,一般使用面板(Panel)运算器和参数查看器(Param Viewer)运算器。

如图 2.1-2 所示为一个面板(Panel)运算器显示的数据,其中包含 6 个数据,左侧为数据的索引序号(Index),右侧为具体的列表项目(List Item),顶部为列表所在的路径(Paths)。

数据的索引序号(Index)都是从 0 开始计数的,因此当有 N 个数据时,数据的索引序号(Index)应为 $0 \sim (N-1)$。列表项目(List Item)包含 Grasshopper 中的所有数据类型,包括点、曲线、曲面、网格、文字等。路径(Paths)表示列表在整个树状数据结构中所处的位置。

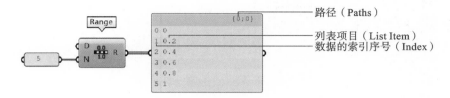

图 2.1-2　面板(Panel)运算器显示的数据

当数据较为复杂时,多个列表组合成为树状数据结构,面板(Panel)运算器的数据显示形式会有一定缺陷,用户无法看到完整的数据结构,这时候可以使用参数查看器(Param Viewer)运算器来查看数据的树状结构。参数查看器运算器并不会显示数据的具体数值,而是提供数据结构的预览。其顶部为数据分支的数量(Data with N branches),左侧为每个分支的路径(Paths),右侧为每个路径下的数据数量,如图 2.1-3(a)所示。

如图 2.1-3(b)所示,左键双击参数查看器运算器,运算器显示模式会变为"树状显示(Draw Tree)"模式,用户可以看到数据的树状结构,其中包含数据的层级、路径名称等信息。

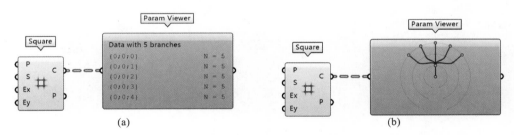

图 2.1-3　参数查看器(Param Viewer)运算器显示的数据

2.1.3　数据配对

在处理数据时,往往会遇到多组数据配对的情况,即多个列表(List)配对的情况。

如图 2.1-4 所示,对两组点进行配对,其中 Point A 包含 5 个点,Point B 包含 8 个点,使用直线(Line)运算器将两组点相连得到一组线。

可以看到,两组内的前 5 个点各自配对连成线,但是 Point A 只有 5 个点,而 Point B 有 8 个点,则 Point B 中多出的 3 个点均与 Point A 中最后一个点配对连成线。

这样的配对模式是 Grasshopper 的默认配对模式。

在 Grasshopper 中,可以改变数据的配对模式。如图 2.1-5 和图 2.1-6 所示,Grasshopper 提供了三种配对模式:长列表(Longest List)、短列表(Shortest List)、交叉列表(Cross Reference)。其中长列表(Longest List)为 Grasshopper 的默认配对模式。

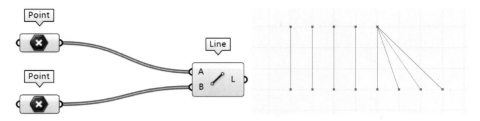

图 2.1-4　默认配对模式

这三种配对模式为数据的配对提供了极大的灵活性,右键单击运算器即可在弹出的菜单中选择其数据配对模式。

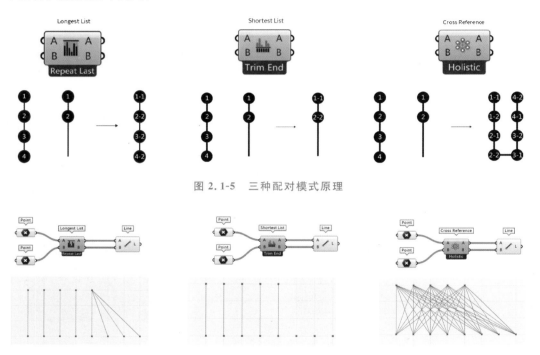

图 2.1-5　三种配对模式原理

图 2.1-6　三种配对模式

如图 2.1-7 所示,根据 Grasshopper 中默认的长列表(Longest List)配对模式,当"List-Tree"配对时,先在"树枝"层级完成配对,因为 List 中只有一个列表 A,而 Tree 中有三个列表 A、B、C,所以可以得到 A-A、A-B、A-C 的组合;再进行列表之间的配对。

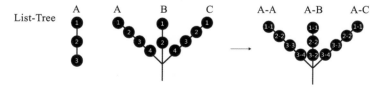

图 2.1-7　"List-Tree"的配对

同理当"Tree-Tree"配对时,先得到 A-A、B-B、B-C 的组合,再进行列表之间的配对,如图2.1-8所示。

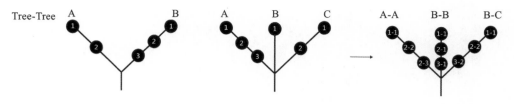

图 2.1-8　"Tree-Tree"的配对

2.2　List 数据管理

2.2.1　List 组常用运算器介绍

1. 列表项目(List Item)运算器

如图 2.2-1 所示,列表项目(List Item)运算器用于提取列表中的某个索引序号的数据。

其中,List(L)输入端为需要进行提取操作的列表;Index(i)输入端为需要提取的数据的索引序号;Wrap(W)输入端为布尔参数,它判定当输入的索引序号大于列表总数时,是否循环取值。

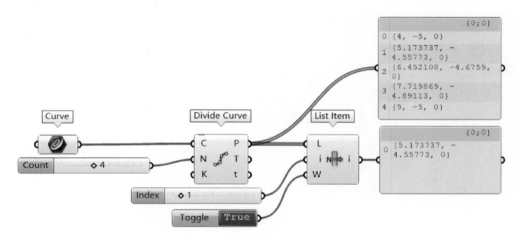

图 2.2-1　列表项目(List Item)运算器

2. 列表长度(List Length)运算器

如图 2.2-2 所示,列表长度(List Length)运算器用于计算列表内数据的数量,当列表

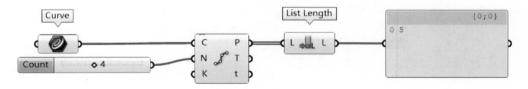

图 2.2-2　列表长度(List Length)运算器

内有 N 个数据时,索引序号为 $0 \sim (N-1)$,而列表长度(List Length)运算器输出的就是数字 N。

3. 偏移列表(Shift List)运算器

偏移列表(Shift List)运算器用于向上或向下移动列表的索引序号(Index)所对应的数据。

其中,Shift(S)输入端是偏移量;List(L)输入端是需要进行偏移操作的列表;Wrap(W)输入端是布尔参数,它判定列表是否进行循环变化,经常出现于列表的多种操作中,对于控制列表的顺序有重要作用。

当输入的偏移量 Shift(S)为负数时,将使列表的索引序号(Index)所对应的数据向下移动;为正数时,将使列表的索引序号(Index)所对应的数据向上移动。

如图 2.2-3 所示,如果将偏移量 Shift(S)设置为 -1,将 Wrap(W)设置为 True,则列表的索引序号(Index)所对应的数据会向列表末尾移动 1 个单位,原本列表末尾的一个数据会移动到列表的开头。

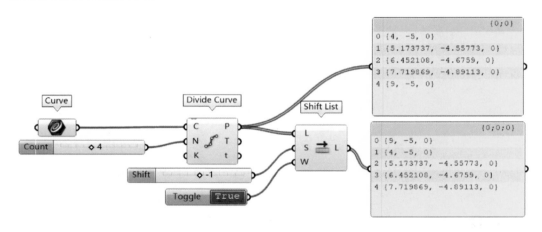

图 2.2-3　偏移列表(Shift List)运算器(1)

如图 2.2-4 所示,如果将偏移量 Shift(S)设置为 3,将 Wrap(W)设置为 False,则列表

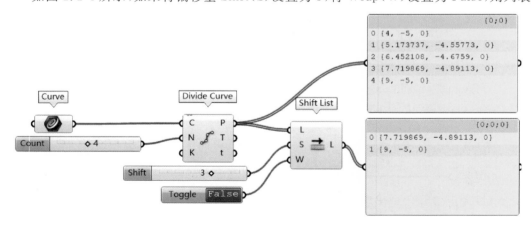

图 2.2-4　偏移列表(Shift List)运算器(2)

的索引序号(Index)所对应的数据将向列表的开头移动 3 个单位,并且列表的前三个数据会被删除,即原本索引序号(Index)为 0、1 和 2 的三个数据会被删除。

如图 2.2-5 所示为利用偏移列表(Shift List)运算器生成一组线,这组线将曲线 01 上的点 i 与曲线 02 上的点 $i+1$ 连接起来[偏移量 Shift(S)设置为 1,Wrap(W)设置为 True],曲线 01 上的点 10 连接到曲线 02 上的点 0。

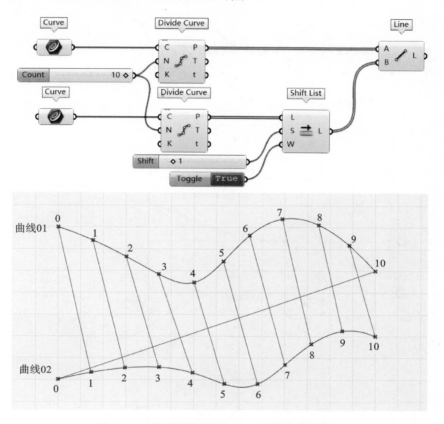

图 2.2-5　偏移列表(Shift List)运算器案例演示

4. 拆分列表(Split List)运算器

如图 2.2-6 所示,拆分列表(Split List)运算器用于从特定索引序号(Index)处将单个列表拆分为两个列表(A 和 B)。

5. 反转列表(Reverse List)运算器

如图 2.2-7 所示,反转列表(Reverse List)运算器用于将列表内的数据进行反转。

先创建两条曲线,再通过分割曲线(Divide Curve)运算器将两条曲线分别等分成 3 段,使用反转列表(Reverse List)运算器,将列表的顺序反转,使得索引 3 转换为 0,索引 2 转换为 1,依此类推。最后,将其中一条曲线的最后一个点与另一条曲线的第一个点连接起来。

2.2.2　Sequence 组常用运算器介绍

集合(Sets)标签的序列(Sequence)面板中,包含数列(Series)、重复数据(Repeat

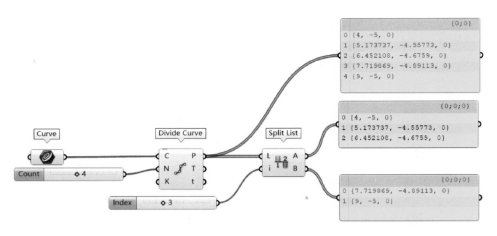

图 2.2-6　拆分列表(Split List)运算器

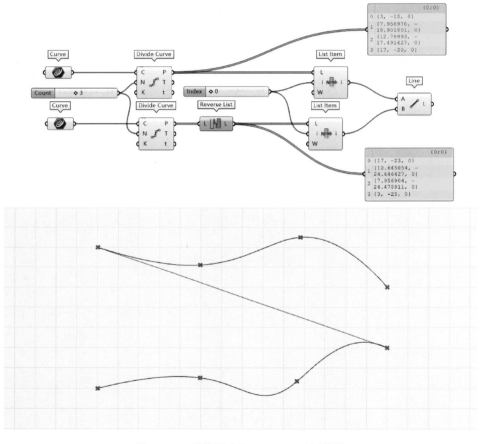

图 2.2-7　反转列表(Reverse List)运算器

Data)、随机(Random)和范围(Range)等运算器,它们可以用于创建多种形式的数据,比如等差数列、重复数据、随机数据等。

1. 数列(Series)运算器

数列(Series)运算器根据以下输入端生成数字序列。

(1)序列的第一个数值:Start(S)。

(2)每个后续数字的步长:Number(N)。

(3)序列中的步骤数:Count(C)。

数列(Series)运算器的默认参数为 S＝0、N＝1、C＝10,结果为:0,1,2,3,4,5,6,7,8,9。如图 2.2-8(a)所示。

如图 2.2-8(b)所示,将参数设置为 S＝1、N＝3、C＝7,运算器会生成一列从 1 开始的 7 个数字,并且每个数字与后续数字之间的差值为 3,即:1,4,7,10,13,16,19。

图 2.2-8 数列(Series)运算器

数列(Series)运算器通常与转换(Transform)标签中的运算器[例如移动(Move)运算器]一起使用,移动(Move)运算器根据向量移动几何物体,数列(Series)运算器生成一个标量数字序列,其与单位向量相乘可以定义输入移动(Move)运算器的向量。

如图 2.2-9 所示是使用移动(Move)运算器和数列(Series)运算器定义的沿 X 轴平移的立方体。数列(Series)运算器生成的标量数字序列为 0,2,4,6,8,将其与 X 轴方向上的单位向量相乘,得出平移向量:0X,2X,4X,6X,8X。将向量连接到移动(Move)运算器的 T 输入端,会产生一系列一维转换的数据集。第一个平移向量是 0X,这意味着第一个平移的几何物体与 Rhino 中的原始几何物体重叠。其余几何物体分别在 X 轴方向距离原始几何物体 2、4、6、8 个单位。

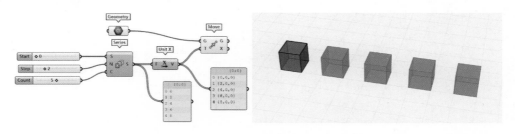

图 2.2-9 数列(Series)运算器案例演示

2. 按索引序号删除(Cull Index)运算器

按索引序号删除(Cull Index)运算器用于从列表中删除指定索引序号所对应的数据。

如图 2.2-10 所示,将数值为 1 的数字滑块(Number Slider)连接到按索引序号删除(Cull Index)运算器的 I 输入端,即可从列表中剔除索引序号为 1 的数据。如果初始列表

包含 N 个数据,则按索引序号删除(Cull Index)运算器的输出端将输出一个新列表,其中包含 $N-1$ 个数据。

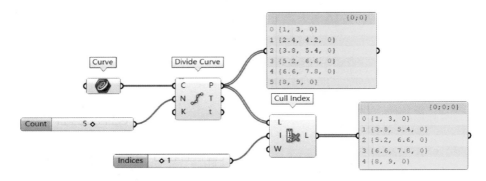

图 2.2-10　按索引序号删除(Cull Index)运算器

3. 删除模式(Cull Pattern)运算器

删除模式(Cull Pattern)运算器用于根据布尔参数(Boolean)的重复模式过滤列表。如图 2.2-11 所示,右键单击 P 输入端,进入"Set Multiple Booleans"选项的菜单中,输入一个"True"和一个"False"后选择"Commit changes"即可完成设置。

如果重复模式为"True,False"并且列表的长度为4(包含索引序号 0、1、2、3),则列表模式为"True,False,True,False"。

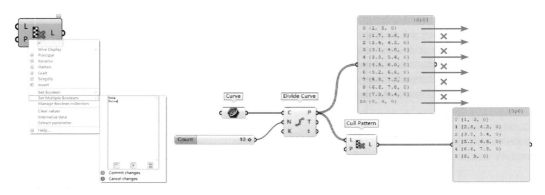

图 2.2-11　删除模式(Cull Pattern)运算器

如图 2.2-12 所示,Boolean Toggle 运算器用于定义 True 或 False(通过左键双击运算器的 True 或 False 部分来更改),

如图 2.2-13 所示,重复模式也可设置为"True,True,False",合并(Merge)运算器可将多个 Boolean Toggle 运算器组合到一个列表中。

4. 重复数据(Repeat Data)运算器

(1)重复数据(Repeat Data)运算器可将数字序列扩展到指定的长度。

运算器的 Data(D)输入端用于收集一组数字,Length(L)输入端用于设置输出列表的长度。如图 2.2-14 所示,如果将数字 2、6、1 合并后连接到重复数据(Repeat Data)运算器的 Data(D)输入端,Length(L)输入端设置为5,则生成的数字序列为:2、6、1、2、6。

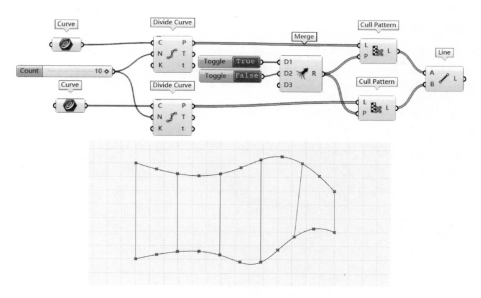

图 2.2-12　删除模式(Cull Pattern)运算器案例演示(1)

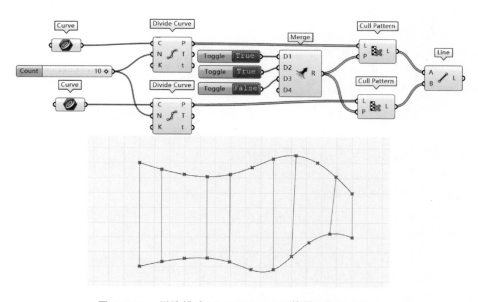

图 2.2-13　删除模式(Cull Pattern)运算器案例演示(2)

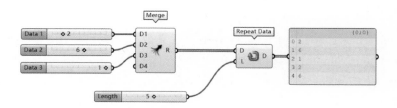

图 2.2-14　重复数据(Repeat Data)运算器

（2）重复数据（Repeat Data）运算器也可用于定义几何物体。

如图 2.2-15 所示，在 Rhino 中绘制两条曲线并拾取到 Grasshopper 中，使用分割曲线（Divide Curve）运算器进行划分，使用直线（Line）运算器连接两条曲线上对应的点，使用曲线上的点（Point On Curve）运算器得到每条线的中点。每个中点都通过移动（Move）运算器根据向量 Z 进行移动，移动距离的设置则要利用重复数据（Repeat Data）运算器创建数据数量与点数量相同的列表，由于分割曲线（Divide Curve）运算器 Number（N）输入端中输入的是等分的线段数量 N，实际点的数量为 $N+1$，所以要在重复数据（Repeat Data）运算器的 Length(L) 输入端再进行加 1 的操作。

将两个数值（5 和 4）连入合并（Merge）运算器，创建由这两个数值重复得到的列表。然后，将其中一条曲线的等分曲线、移动后的点和另一条曲线的等分曲线分别连接到 Arc 3Pt 运算器［曲线（Curve）→原始数据（Primitive）］的 A、B、C 输入端中。

最后将 Arc 3Pt 运算器的 Arc(A) 输出端连接到放样（Loft）运算器［曲面（Surface）→自由形式（Freeform）］的 Curves(C) 输入端以生成放样曲面，如图 2.2-16 所示。

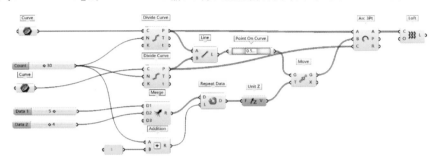

图 2.2-15　重复数据（Repeat Data）运算器案例演示

2.2.3　Domain 组常用运算器介绍

1. 随机（Random）运算器

随机（Random）运算器用于生成特定范围内的随机数字列表。Range(R) 输入端为指定的随机范围，Number(N) 输入端为随机数字的数量，Seed(S) 输入端为指定运算器的种子，如果仅更改种子值且所有其他输入端保持不变，则会生成新的随机数字列表。

默认情况下，随机（Random）运算器生成实数。如要生成整数，可右键单击随机（Random）运算器，然后从右键菜单中选择"Integer Numbers"选项，运算器的底部将显示一个黑色的"Integers"标志。

2. 创建区间（Construct Domain）运算器

创建区间（Construct Domain）运算器用于定义数值区间。如图 2.2-17 所示，使用创建区间（Construct Domain）运算器定义最小值为 2、最大值为 8 的数值区间，再将其连接到 N 输入端为 5 的随机（Random）运算器的 R 输入端，随机（Random）运算器将输出 2～8 之间的 5 个随机实数。

3. 范围（Range）运算器

如图 2.2-18 所示，范围（Range）运算器的 D 输入端连接数值区间，N 输入端连接数

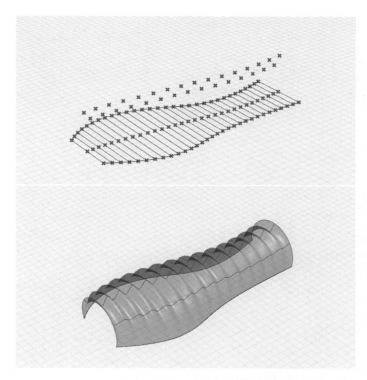

图 2.2-16　重复数据（Repeat Data）运算器案例演示模型

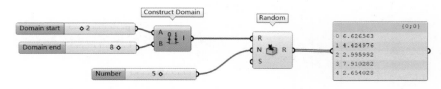

图 2.2-17　随机（Random）运算器和创建区间（Construct Domain）运算器

字滑块（值为 5）等分的数量，则数值区间会被分为 5 个相等的部分，范围（Range）运算器将输出 6 个值。

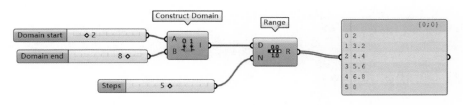

图 2.2-18　范围（Range）运算器

4. 边界（Bounds）运算器

边界（Bounds）运算器用于计算一组数据的数值范围，包括其最小值和最大值。如图 2.2-19所示，利用随机（Random）运算器生成 10 个随机数字，这 10 个数字往往在 Range（R）输入端指定的范围（默认为 0～1）内，边界（Bounds）运算器可计算其具体的数值范围。

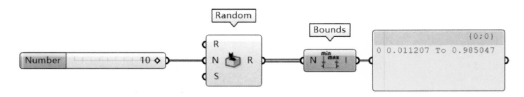

图 2.2-19　边界(Bounds)运算器

5. 重映射数据(Remap Numbers)运算器

重映射数据(Remap Numbers)运算器可以将一组数据进行重新映射并转化成新的目标数值区间内的一组数据。如图 2.2-20 所示,运算器的输入数值 Value(V)输入端连接需要进行重映射操作的数据列表;原始数据值域 Source(S)输入端连接原有数据的数值区间,一般可用边界(Bounds)运算器获得;目标值域 Target(T)输入端连接新的数据的数值区间,可使用创建区间(Construct Domain)运算器获得。

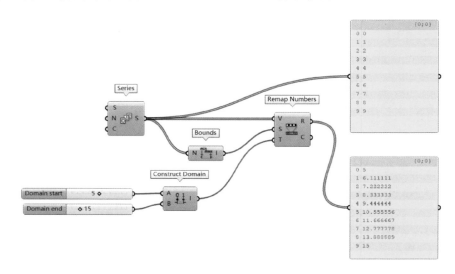

图 2.2-20　重映射数据(Remap Numbers)运算器

2.3　高级数据管理

2.3.1　树状数据结构

数据树(Tree)运算器组可以使 Rhino 中的物体之间建立更为复杂的关系。

如图 2.3-1 所示,在 Rhino 中绘制四个三角形,将四个三角形拾取至 Grasshopper 的 Geometry 中,使用解构多重曲面(Deconstruct Brep)运算器对其进行分解以提取每个三角形的顶点,然后使用折线(Polyline)运算器绘制连接顶点的折线。

如图 2.3-2 所示,为了便于理解树状数据结构,可以将两个面板(Panel)运算器分别连接到解构多重曲面(Deconstruct Brep)运算器的 Vertices(V)输出端和折线(Polyline)

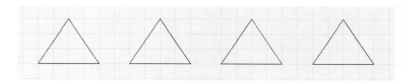

图 2.3-1 在 Rhino 中绘制的四个三角形

运算器的 Polyline(Pl)输出端。可以发现,这两个运算器输出端的连线均为灰色双虚线,这表明输出的数据为树状结构。从面板(Panel)运算器中,我们可以看到这些数据被分成了四个子集,每一个三角形对应着一个子集。

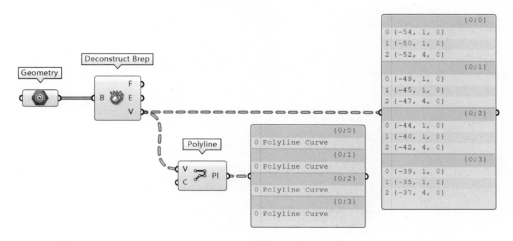

图 2.3-2 树状数据展示

Grasshopper 根据"Parent-Child"逻辑存储数据,为每个信息路径(Data Path)生成一个子集。上述操作已为每个三角形的母曲面生成一个子集并且为每个子顶点创建一个项目。这意味着三角形 0(triangle 0)的顶点驻留在信息路径{0;0}中,三角形 1(triangle 1)的顶点驻留在信息路径{0;1}中,以此类推,如图 2.3-3 所示。

根据以上信息,折线(Polyline)运算器定义了四条折线,每条折线有三个顶点,它们之间并没有相互连接起来,因为每个三角形(triangle)的数据是相互独立的(图 2.3-4)。

Grasshopper 中的数据结构可以使用树形图图形化,如图 2.3-5 所示。

数据树是在嵌套列表中存储数据的层次。当 Grasshopper 中的运算器接收并输出多个数据集时,就会创建数据树。Grasshopper 将新数据集嵌套为子列表,这些列表的模式类似于 Windows 系统中的文件夹,也类似于树枝和树叶。

数据树遵循以下两个基本规则。

(1)不同分支中的数据之间不能建立连接,在数据树上执行的任何操作都会影响存储在每个分支中的数据。因此,折线(Polyline)运算器不能将多个分支的点全部连接,只能将四组分支分别进行处理。

(2)数据树可以通过相应的运算器来改变数据结构以满足使用需求,比如将数据树的分支取消并将所有数据放在一起,就可以实现所有点的连接。

在图 2.3-5 中,路径{0}为主干,这个路径不包含数据,但有 4 个子分支,每个子分支

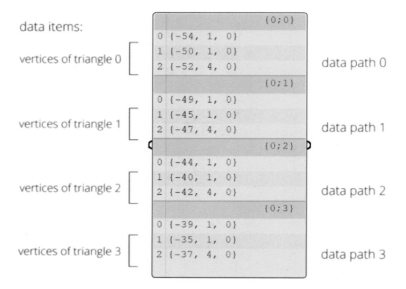

图 2.3-3　树状数据组织形式

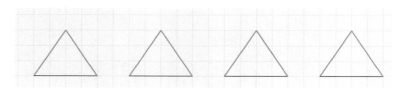

图 2.3-4　重构的三角形

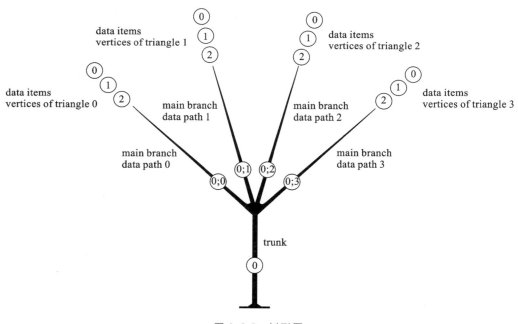

图 2.3-5　树形图

都继承路径{0}的索引序号,再加上自身的序号0、1、2、3,生成{0;0}、{0;1}、{0;2}、{0;3}四个分支路径。每个子分支都会储存一些数据,子分支的数据结构就是前文提到的列表结构。

Grasshopper中的数据所在的分支都有一个对应的路径(Path),而每个分支的数据都有一个索引序号(Index)。

2.3.2　用于操作数据树的常用运算器介绍

用于操作数据树的运算器主要包括:扁平数据树(Flatten Tree)运算器、非扁平数据树(Unflatten Tree)运算器、简化数据树(Simplify Tree)运算器、升组数据树(Graft Tree)运算器,以及翻转矩阵(Flip Matrix)运算器等。

1. 扁平数据树(Flatten Tree)运算器

扁平数据树(Flatten Tree)运算器通过删除所有分支路径并将所有数据存储在主干路径{0}中来简化数据树。如图2.3-6所示,将解构多重曲面(Deconstruct Brep)运算器的Vertices(V)输出端连接到扁平数据树(Flatten Tree)运算器的Tree(T)输入端,可以看到扁平数据树(Flatten Tree)运算器输出端的虚线变成了实线,说明数据由树状结构转化为列表结构。再将扁平数据树(Flatten Tree)运算器与折线(Polyline)运算器相连,就可以将四组点连接起来,形成一条连续的折线。

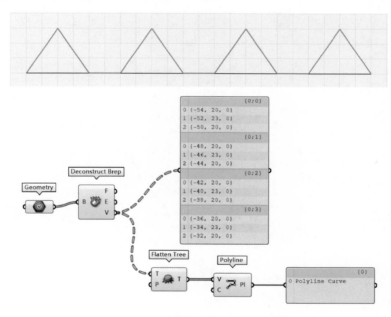

图2.3-6　扁平数据树(**Flatten Tree**)运算器

2. 非扁平数据树(Unflatten Tree)运算器

如图2.3-7所示,非扁平数据树(Unflatten Tree)运算器通过Guide(G)输入端将扁平数据树(Flatten Tree)运算器输入的数据进行转化。非扁平数据树(Unflatten Tree)运算器仅在列表与引导列表数据数量相同时才起作用。

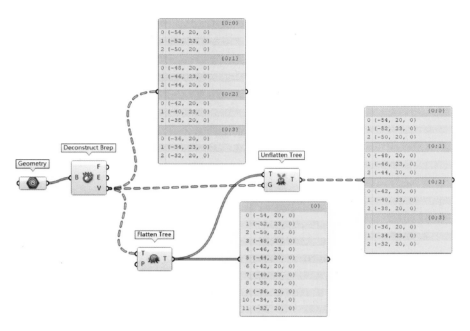

图 2.3-7 非扁平数据树(Unflatten Tree)运算器

3. 简化数据树(Simplify Tree)运算器

如图 2.3-8 所示,简化数据树(Simplify Tree)运算器可以简化并删除数据树中重叠、多余的分支,且保留原本的末端分支,使分支的路径被简化。

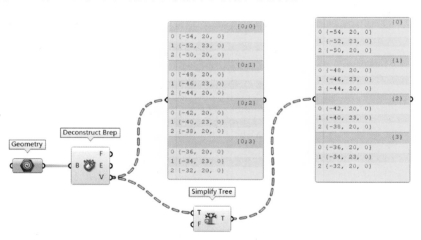

图 2.3-8 简化数据树(Simplify Tree)运算器

4. 升组数据树(Graft Tree)运算器

如图 2.3-9 所示,升组数据树(Graft Tree)运算器可以为列表中的每个项目创建一个分支。一个有 N 个项目的列表连接到升组数据树(Graft Tree)运算器的 Tree(T)输入端时,将生成一个有 N 个分支的新列表,每一个分支包含一个项目(Item)。

升组数据树(Graft Tree)运算器可用于匹配不同列表的对象。例如,在 Rhino 中拾

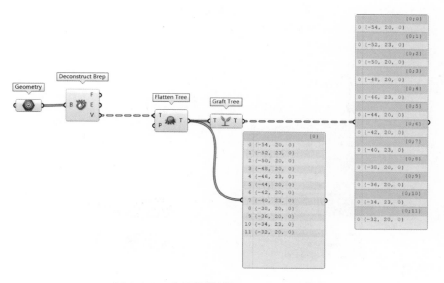

图 2.3-9　升组数据树(Graft Tree)运算器

取两个曲面与解构多重曲面(Deconstruct Brep)运算器连接,得到每个曲面的边缘。如果要将相应的边(a-a′,b-b′,c-c′,d-d′)输出后,使用放样(Loft)运算器[曲面(Surface)→自由形式(Freeform)]获得立方体的侧面,必须先对两个曲面分别进行升组数据树操作,然后将数据合并。如图 2.3-10 所示,每个项目(Item)通过升组数据树(Graft Tree)运算器被各自放在不同的分支下,输入合并(Merge)运算器后,相同路径的项目被合并,每个

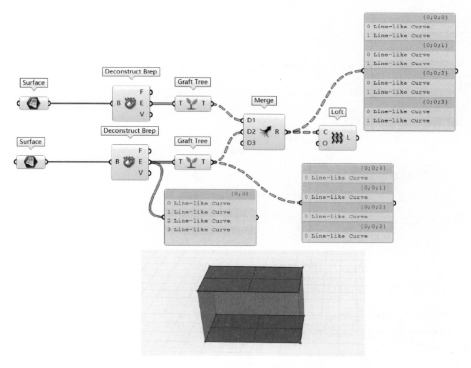

图 2.3-10　升组数据树(Graft Tree)运算器案例演示(1)

分支下都有两条线,再进行放样即可生成立方体的侧面。

如果将两个曲面进行合并但不进行升组数据树操作,放样将按照 a′→b′→c′→d′→a →b→c→d 的顺序执行,如图 2.3-11 所示。

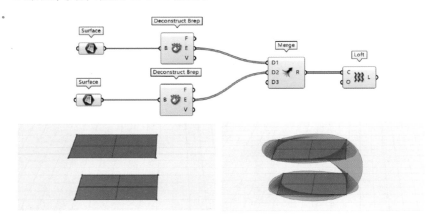

图 2.3-11　升组数据树(Graft Tree)运算器案例演示(2)

5. 翻转矩阵(Flip Matrix)运算器

翻转矩阵(Flip Matrix)运算器用于将数据树矩阵的行和列交换。

如图 2.3-12 所示,利用分割曲线(Divide Curve)运算器将 Rhino 中的三个圆环分别分为 10 个部分(生成 10 个点),将 Points(P)输出端连接到折线(Polyline)运算器的 Vertices(V)输入端,则每个圆环上的所有点会被连线,可以看到连线只会在每个圆环内部进行,不会在不同圆环之间进行,因为每个圆环都是一个分支,而折线(Polyline)运算器会分别处理各个分支中的数据。

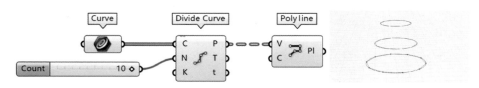

图 2.3-12　折线(Polyline)运算器案例演示

双击参数查看器(Param Viewer)运算器可对数据树进行可视化显示,来查看数据集的数据结构。如图 2.3-13 所示,初始状态为 3 个分支,对应 3 个圆环,每个分支下有 10 个项目,对应 10 个点。使用翻转矩阵(Flip Matrix)运算器进行翻转矩阵操作后,变成 10 个分支,每个分支下有 3 个项目,对应 3 个点。

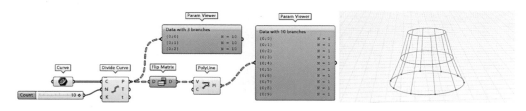

图 2.3-13　参数查看器(Param Viewer)运算器案例演示

6. 树状数据统计(Tree Statistics)运算器

前文介绍过参数查看器(Param Viewer)运算器可用来查看数据的结构,但是它仅具有查看数据的功能,无法将数据输入其他运算器。

如图 2.3-14 所示,树状数据统计(Tree Statistics)运算器可以读取数据的信息[包括每个分支的路径(Paths),每个分支的数据长度(Length),分支的数量(Count)],并且可以将数据输入其他运算器。

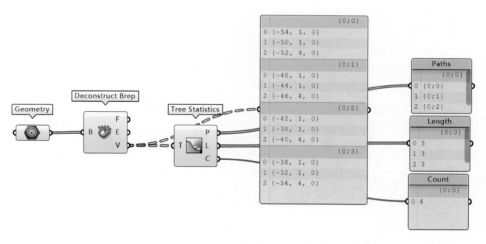

图 2.3-14　树状数据统计(Tree Statistics)运算器

此外,每个运算器都有内置的管理树状数据结构的功能,右键单击特定的输入端或输出端打开运算器右键菜单,可以看到几个选项:Flatten、Graft、Simplify 等(图 2.3-15)。这几个选项分别用于对输入或输出的数据进行扁平数据树、升组数据树、简化数据树操作,与相应的运算器作用相同。

运算器右键菜单中,另外两个选项的功能如下。

Reverse:将列表数据进行反转。

Expression:通过输入公式对数据进行修改。

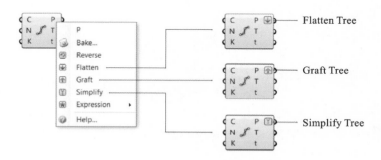

图 2.3-15　运算器右键菜单

2.3.3　编织案例

通过对列表和树状数据的操作,可以实现复杂数据的管理,接下来用一个编织案例来展示如何通过更改数据结构实现特定的效果。

　　如图 2.3-16 所示,图中交叉起伏的网格状形态是通过不断交替运算曲面正和负的法向量来移动点集而生成的。编织的第一步是使用划分曲面(Divide Surface)运算器对曲面进行划分,生成类似于经纬线排布的点集,其 Points(P)输出端为有 $U+1$ 个分支的树状数据,每个列表中的点都在 V 方向上。

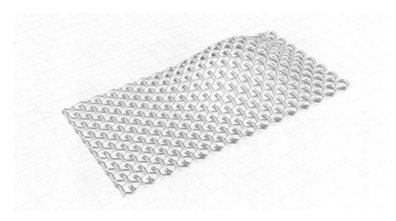

图 2.3-16　编织案例效果

　　首先对点做出高低的变化。将数据的正值和负值用合并(Merge)运算器合并为列表,与重复数据(Repeat Data)运算器相连,对于需要重复的列表则通过列表长度(List Length)运算器来获取点集树状数据中每个列表的长度,由此获得与点集数量匹配的移动距离数值的集合。

　　接下来用移动(Move)运算器对每个点进行移动,相邻点的移动方向是相反的。此时已经通过重复数据(Repeat Data)运算器获得了一组有正负变化的数据,还需要获得每个点所对应的向量。分割曲面(Divide Surface)运算器的 Normals(N)输出端可以输出曲面上的点所对应的单位法线向量,但是由于每条曲线上索引序号相同的点移动方向是相同的,所以还要对点集进行扁平数据树操作,使每条曲线的最后一个点和下一条曲线的第一个点的移动方向相反(因为输入的 U 值和 V 值为偶数,所以每条线上的点数量为 $V+1$),经过正负值循环后,如果一条曲线的第一个点和最后一个点为正值,则下一条曲线的第一个点和最后一个点均为负值(图 2.3-17)。

　　如果将所有点用内插点曲线(Interpolate)运算器进行连接,会使它们串到一条线上,并不能得到编织网格状形态,如图 2.3-18 所示。

　　为了得到沿 V 方向排列的曲线,必须使用非扁平数据树(Unflatten Tree)运算器来进行非扁平化操作。如图 2.3-19 所示,分割曲面(Divide Surface)运算器的 Normals(N)输出端数据被输入非扁平数据树(Unflatten Tree)运算器的 Guide(G)输入端。生成的结果根据最初的数据树进行重新组织,每个分支都是由在 V 方向上的($U+1$)列中的点创建的。

　　用类似的逻辑可以构建沿 U 方向排列的曲线,但没有必要重复操作一次,只需要使用翻转矩阵(Flip Matrix)运算器翻转分割曲面(Divide Surface)运算器生成的点(Points)的矩阵并复制算法的末端即可,如图 2.3-20 所示。

　　U 方向的曲线的平移向量必须与 V 方向的曲线的平移向量相反,因此最后要使用反向(Negative)运算器对向量进行反向操作。

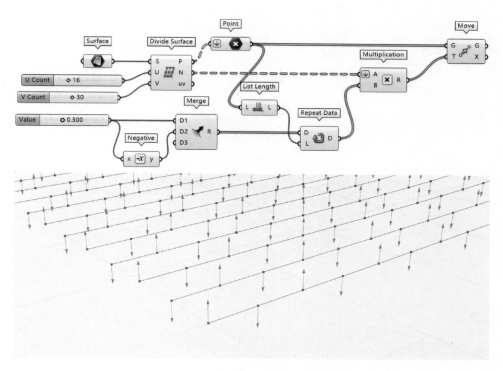

图 2.3-17 使用移动（Move）运算器对点进行移动

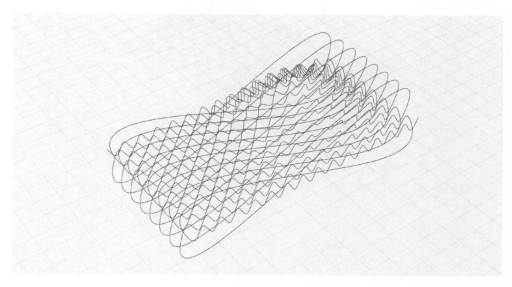

图 2.3-18 使用内插点曲线（Interpolate）运算器连接所有点

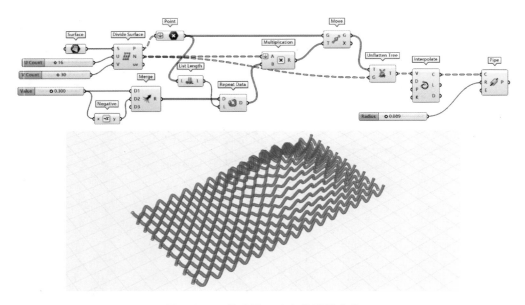

图 2.3-19　构建沿 V 方向排列的曲线

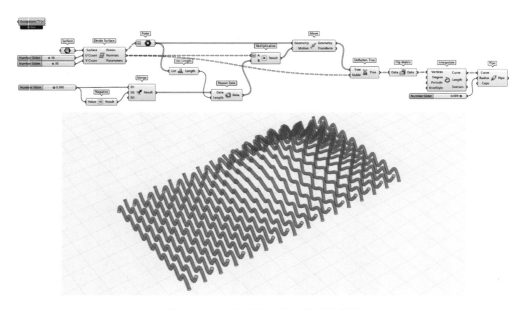

图 2.3-20　构建沿 U 方向排列的曲线

第 3 章　控制 Grasshopper 中的线与面

3.1　点、向量、平面

扫码观看
配套视频

3.1.1　点相关运算器介绍

1. 创建点(Construct Point)运算器与解构点(Deconstruct)运算器

如图 3.1-1 所示,创建点(Construct Point)运算器可通过 X coordinate 输入端、Y coordinate 输入端、Z coordinate 输入端实现坐标输入来创建点。当输入树状数据时,可以生成点阵。

解构点(Deconstruct)运算器的作用与创建点(Construct Point)运算器相反,它可以将点坐标的 X、Y、Z 的值进行输出。

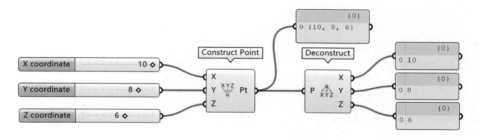

图 3.1-1　创建点(**Construct Point**)运算器与解构点(**Deconstruct**)运算器

2. 距离(Distance)运算器

如图 3.1-2 所示,距离(Distance)运算器可用于计算两点之间的距离。

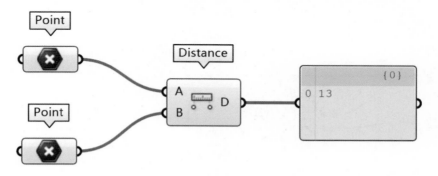

图 3.1-2　距离(**Distance**)运算器

3. 拉近点(Pull Point)运算器

如图 3.1-3 所示,拉近点(Pull Point)运算器可找到几何物体(Geometry)上的所有点中与输入点距离最近的点,同时求出其与输入点的距离。Geometry(G)输入端可连接点、线、面等各类几何物体。

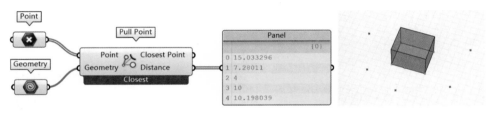

图 3.1-3   拉近点(Pull Point)运算器

3.1.2   向量相关运算器介绍

1. 两点构建向量(Vector 2Pt)运算器

两点构建向量(Vector 2Pt)运算器通过两个输入点创建一个向量。

如图 3.1-4 所示,起点(Point A)和终点(Point B)连接两个输入点,单位化(Unitize)输入端连接布尔参数,当布尔参数为 True 时,生成的向量长度为 1。长度(Length)输出端输出向量的长度,向量(Vector)输出端输出向量本身。向量显示(Vector Display)运算器可以将向量在 Rhino 中可视化。

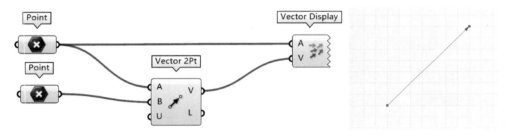

图 3.1-4   两点构建向量(Vector 2Pt)运算器

2. 单位向量(Unit Vector)运算器

如图 3.1-5 所示,单位向量(Unit Vector)运算器可以在保持向量方向不变的情况下将向量长度改为 1。

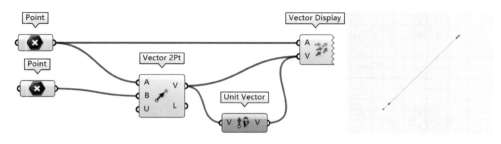

图 3.1-5   单位向量(Unit Vector)运算器

3. 振幅(Amplitude)运算器

振幅(Amplitude)运算器可以将一个给定向量的长度设置为特定的长度。如图3.1-6所示,将一个向量和一个数值为 5 的数字滑块连接到该运算器的输入端,该运算器将生成一个新的向量,该向量保持原来的向量方向,向量长度变为 Amplitude(A)输入端的数值 5。如果将一个负值连接到 Amplitude(A)输入端,向量方向将会反转。

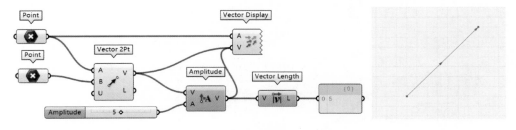

图 3.1-6　振幅(**Amplitude**)运算器

4. 标量乘法(Multiplication)运算器

如图 3.1-7 所示,标量乘法运算器可以将一个向量与一个标量 N 相乘,如果 N 大于 0,则生成一个相同方向的向量;如果 N 小于 0,则生成一个相反方向的向量。这个新向量的长度等于初始向量的长度与标量 N 的乘积。

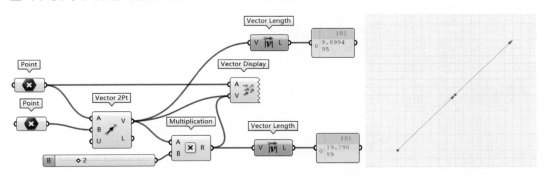

图 3.1-7　标量乘法(**Multiplication**)运算器

5. 单位向量 X(Unit X)运算器、单位向量 Y(Unit Y)运算器、单位向量 Z(Unit Z)运算器

如图 3.1-8 所示,单位向量(Unit X)运算器、单位向量 Y(Unit Y)运算器、单位向量 Z(Unit Z)运算器分别用于定义沿 X、Y 和 Z 轴的单位向量。Factor(F)输入端可以连接标量乘法(Multiplication)运算器。

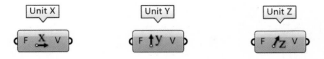

图 3.1-8　单位向量(**Unit X**)运算器、单位向量 Y(**Unit Y**)运算器、单位向量 Z(**Unit Z**)运算器

3.1.3　平面相关运算器介绍

1. 建立平面(Construct Plane)运算器

建立平面(Construct Plane)运算器可通过对 X 轴和 Y 轴的定义建立新的工作平面,

起始点 Origin(O)输入端定义新工作平面坐标系的原点位置。

如图 3.1-9 所示,X-Axis 输入端和 Y-Axis 输入端连接两个方向不同的向量。由于两条相交的线可以定义一个平面,所以建立平面(Construct Plane)运算器可以通过一个点和两个方向不同的向量定义坐标轴来建立平面。

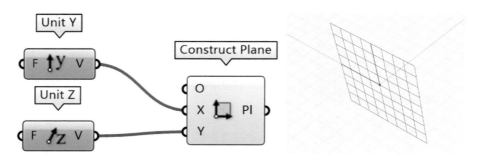

图 3.1-9　建立平面(Construct Plane)运算器

2. 解构平面(Deconstruct Plane)运算器

如图 3.1-10 所示,解构平面(Deconstruct Plane)运算器可分解平面的各个方向轴。

工作平面上的局部坐标系主要由起始点(Origin)、X 轴(X-Axis)、Y 轴(Y-Axis)、Z 轴(Z-Axis)组成。默认工作平面为 XY 平面,如果定义新的工作平面,之后的运算器操作将在新的工作平面之上进行。

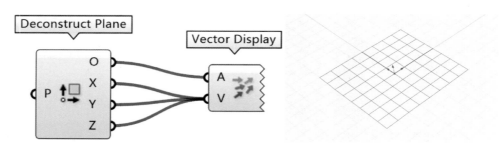

图 3.1-10　解构平面(Deconstruct Plane)运算器

3. XY 平面(XY Plane)运算器、YZ 平面(YZ Plane)运算器、XZ 平面(XZ Plane)运算器

XY 平面(XY Plane)运算器、YZ 平面(YZ Plane)运算器、XZ 平面(XZ Plane)运算器用于设置工作平面,如图 3.1-11 所示。

图 3.1-11　XY 平面(XY Plane)运算器、YZ 平面(YZ Plane)运算器、XZ 平面(XZ Plane)运算器

4. 线构成平面(Line+Line)运算器

如图 3.1-12 所示,线构成平面(Line+Line)运算器通过两条线进行工作平面的定义。其输入端连接的两条线必须在同一平面上,两条线的交点为工作平面的坐标原点。

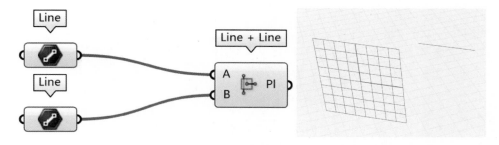

图 3.1-12　线构成平面(Line＋Line)运算器

3.2　曲线生成与分析

3.2.1　NURBS 曲线

NURBS 曲线是 3D 几何的数学表现,可以准确地描述任何形状,包括简单的二维线、圆、曲线弧,以及复杂的三维自由表面、立方体。

NURBS 曲线属性中主要包含阶数和控制点的概念。

(1)阶数(Degree):一个正整数。如直线和多重直线为一阶曲线,圆为二阶曲线,自由曲线多为三阶或五阶曲线。曲线的阶数决定了控制点对曲线的影响程度,阶数越高,曲线越柔滑。当曲线的阶数为 N 时,至少需要 N＋1 个控制点。

(2)控制点(Control Points):NURBS 曲线由控制点的位置和权重决定。权重调节控制点与曲线之间的吸引力,权重大于 1 则吸引曲线,权重在 0～1 之间则排斥曲线。控制点的数量不能小于阶数(至少为阶数＋1)。

NURBS 曲线可以通过在三维空间或二维平面上定位控制点来绘制。图 3.2-1 是由 7 个控制点绘制的阶数为 3 的平面 NURBS 曲线。

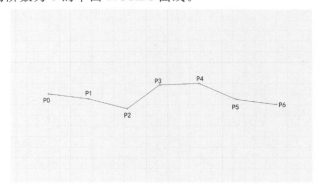

图 3.2-1　三阶平面 NURBS 曲线

如果曲线的阶数发生变化,则会形成不同的曲线,图 3.2-2 是由 7 个控制点绘制的不同阶数的平面 NURBS 曲线。当阶数为 1 时,曲线会变为折线。

图 3.2-3 显示了控制点的权重如何影响 NURBS 曲线。

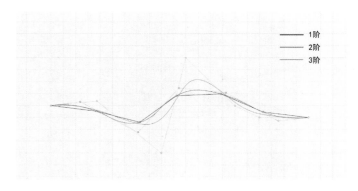

图 3.2-2　不同阶数的平面 NURBS 曲线

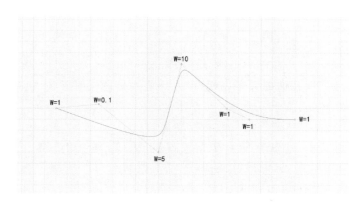

图 3.2-3　控制点权重对 NURBS 曲线的影响

3.2.2　曲线的参数化表示

如图 3.2-4 所示由于 Rhino 环境基于世界坐标系(WCS)，NURBS 曲线上的点由坐标(X,Y,Z)定义。如果每个点的 $Z=0$，则曲线是平面曲线，其上的点由坐标(x,y)定义。

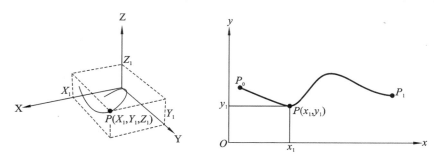

图 3.2-4　基于世界坐标系的 NURBS 曲线

另一种表示曲线上点的方法是基于参数化的表示方法。将任意点 P 的坐标表示为变量 t 的函数($0 \leqslant t \leqslant 1$)。当 $t=0$ 或者 $t=1$ 时，P 为曲线的端点；当 $0 < t < 1$ 时，P 为曲线上除端点外的一个点。也可以说曲线在 0~1 之间被参数化，或者曲线的定义域是[0,1]。

参数化表示可以看作是一个局部坐标系(LCS)。简单地说，它是一个在曲线上设置的系统，有很大的优势，因为它只需要一个参数就可以识别一个点，而这个点也可以用世界坐标系标识,如图 3.2-5 所示。

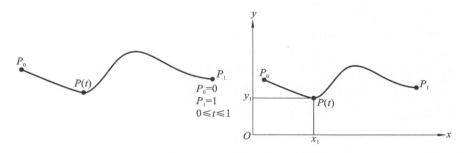

图 3.2-5 NURBS 曲线的参数化表示

t 不能用于测量距离,因为 t 的分布在曲线上并不是完全均匀的。可以把 t 想象成一个"粒子"从 $t=0$ 到瞬时位置 $P(t)$ 的时间。这个时间受到控制点位置的影响,特别是当"粒子"通过一个集中的控制点时,它的运动速度会变慢(见图 3.2-6)。因此,$t=0.5$ 对应的点不是曲线中点。即使使用 Rhino 重新构建曲线,导致控制点位置重新分布,曲线中点也不会与 $t=0.5$ 对应的点重合。

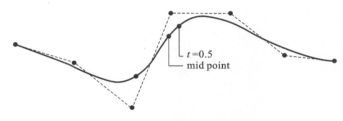

图 3.2-6 NURBS 曲线的 t 值

3.2.3 Grasshopper 曲线分析——寻找曲线上的点

1. 评估曲线(Evaluate Curve)运算器

如图 3.2-7(a)所示,评估曲线(Evaluate Curve)运算器可以对曲线[连接 Curve(C)输入端]进行分析,用曲线定义域上的一个参数[连接 Parameter(t)输入端]进行评估,该参数可以由数字滑块定义。

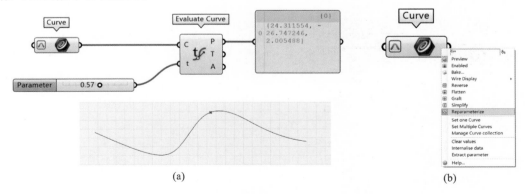

(a)   (b)

图 3.2-7 评估曲线(Evaluate Curve)运算器

Rhino 中的曲线通常有不同的定义域,可以通过解构区间(Deconstruct Domain)运算器分解曲线定义域,来查看曲线定义域范围。通过对曲线进行重新参数化(Reparameterize),可以将曲线的定义域设置为[0,1],如图 3.2-7(b)所示。

如图 3.2-8 所示,评估曲线(Evaluate Curve)运算器的 Points(P)输出端输出点在世界坐标系中的坐标位置,切线 Tangent(T)输出端输出 t 处的切向量,该切向量是单位向量,可通过标量乘法(Multiplication)运算器与标量相乘进行放大,并通过向量显示(Vector Display)运算器在 Rhino 中可视化。

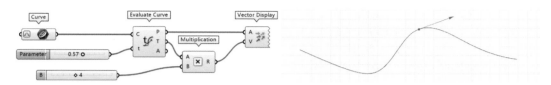

图 3.2-8　评估曲线(Evaluate Curve)运算器输出曲线的切向量

2. 曲线最近点(Curve Closest Point)运算器

如图 3.2-9 所示,给定一个外部点 P 和一条曲线,曲线最近点(Curve Closest Point)运算器可以找到曲线上与 P 距离最近的点 P',Parameter(t)输出端输出 P' 在局部坐标系中的参数 t,点 P 和点 P' 之间的距离由 Distance(D)输出端输出。

图 3.2-9　曲线最近点(Curve Closest Point)运算器

3. 曲线上的点(Point On Curve)运算器

如图 3.2-10 所示,右键单击曲线上的点(Point On Curve)运算器并从菜单中选择一个值,或者在数字滑块中指定一个值,可以找到曲线上特定位置的点,比如起始点、四分位点、中点等。

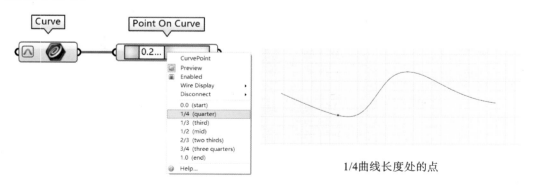

图 3.2-10　曲线上的点(Point On Curve)运算器

曲线上的分量点是基于曲线的长度的,而不是基于曲线的定义域。如果数字滑块的值为 0.5,则对应曲线的中点,这与评估曲线(Evaluate Curve)运算器不同。

4. 评估长度(Evaluate Length)运算器

如图 3.2-11 所示,评估长度(Evaluate Length)运算器可在曲线上找到一个与曲线起点($t=0$)距离值为指定数值的点,Length(L)输入端为起点与该点距离的数值。

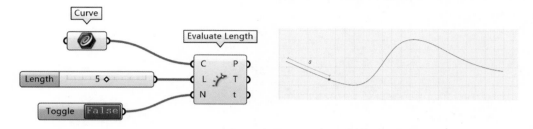

图 3.2-11　评估长度(Evaluate Length)运算器

5. 反转曲线(Flip Curve)运算器

曲线由起点($t=0$)、终点($t=1$)和起点到终点的方向来描述,方向决定了曲线的控制点的顺序,反转曲线(Flip Curve)运算器可以改变曲线的方向,如图 3.2-12 所示。

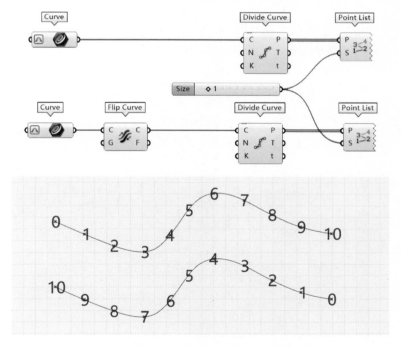

图 3.2-12　反转曲线(Flip Curve)运算器

反转曲线(Flip Curve)运算器的 Guide(G)输入端可连接一个参考曲线,用来统一所有曲线的方向。如图 3.2-13 所示,一组不同方向的曲线中,曲线 1 和 2 是从左至右方向的,曲线 3 和 4 则是从右至左方向的,将它们的合并列表连接到反转曲线(Flip Curve)运算器的 Curve(C)输入端,并将曲线 4 连接到 Guide(G)输入端,则可以得到一组从右至左方向的曲线。

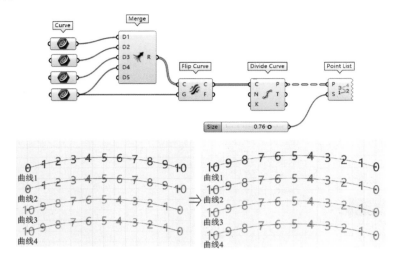

图 3.2-13　反转曲线(Flip Curve)运算器统一曲线方向

3.2.4　Grasshopper 曲线分析——划分曲线

1. 分割曲线(Divide Curve)运算器

如图 3.2-14 所示,分割曲线(Divide Curve)运算器可以将一条曲线划分为 N 条等长曲线并生成一组点(开放曲线生成 $N+1$ 个点,闭合曲线生成 N 个点)。运算器的输出端包含等分点(Points)、等分点的切向量(Tangent)和等分点的参数(t)。

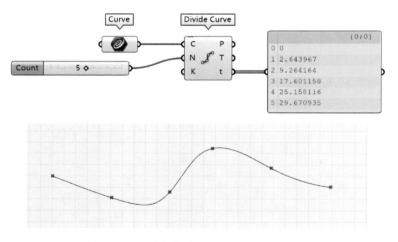

图 3.2-14　分割曲线(Divide Curve)运算器

2. 长度分段(Divide Length)运算器

如图 3.2-15 所示,长度分段(Divide Length)运算器可以将曲线按照指定长度(Length)划分为若干段,如果曲线的长度不是该指定长度(Length)的整数倍,则会产生长度与指定长度(Length)不同的"剩余曲线"。

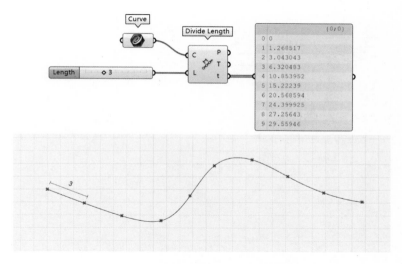

图 3.2-15　长度分段(Divide Length)运算器

3. 距离划分(Divide Distance)运算器

如图 3.2-16 所示,距离划分(Divide Distance)运算器可以通过计算得出圆和曲线的顺序交叉点,并根据交叉点将曲线划分为若干段。圆的半径为 Distance(D)输入端的数值。

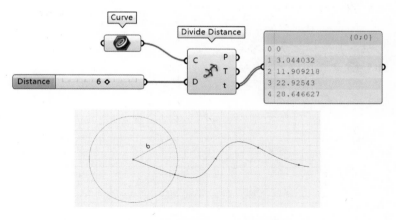

图 3.2-16　距离划分(Divide Distance)运算器

4. 等高线分割(Contour)运算器

如图 3.2-17 所示,等高线分割(Contour)运算器可以根据曲线[连接 Curve(C)输入端]、起点[连接 Point(P)输入端]、向量[连接 Direction(N)输入端]和间距[连接 Distance(D)输入端]生成一组等高线。

5. 打散曲线(Shatter)运算器

打散曲线(Shatter)运算器可以将曲线在 Parameter(t)输入端所指定的位置分割。该位置的参数 t 可以通过在局部坐标系的[0,1]定义域内指定一个值来设置,也可以由其他运算器的输出端提供。如图 3.2-18 所示,通过将曲线最近点(Curve Closest Point)运

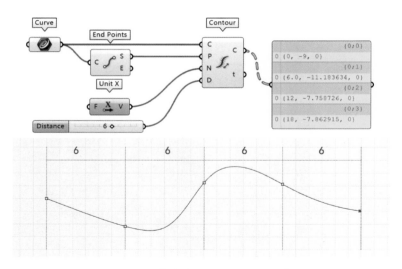

图 3.2-17　等高线分割(Contour)运算器

算器的 t 输出端连接到打散曲线(Shatter)运算器的 t 输入端,可以使用一个外部点(在 Rhino 中设置)将曲线分割为两段。

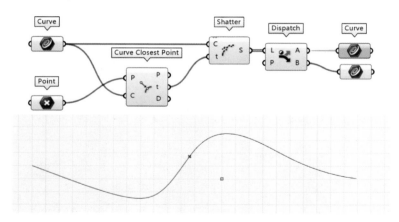

图 3.2-18　打散曲线(Shatter)运算器

3.3　曲面生成与分析

3.3.1　曲面的参数化表示

与曲线类似,曲面也可以通过局部坐标系(LCS)来定义。如图 3.3-1 所示,参数 u 和 v(取值范围为 0~1)对曲面的作用类似于参数 t 对曲线的作用。

如图 3.3-2 所示,对于 u 的每个值,可以找到点 $P(u_1,v)$ 构成的"截面曲线"$C1$;对于 v 的每个值,可以找到 $P(u,v_1)$ 构成的"截面曲线"$C2$。曲线 $C1$ 和 $C2$ 称为等程曲线也称为等参曲线)。等程曲线是在曲面上 u 或 v 恒定的曲线,即 $C1$ 和 $C2$ 是曲面在点 $P(u_1,$

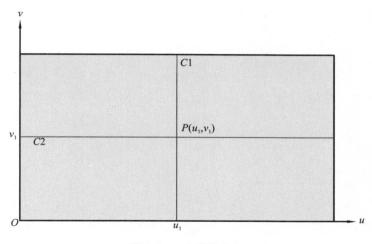

图 3.3-1　曲面的定义

v_1）处的等程曲线。

　　曲面上的等程曲线可形成网格，类似于笛卡尔网格的概念，这一概念对任何自由曲面都是有效的，因为 NURBS 曲面可以被想象为一个矩形平面的变形，且该曲面具有定义 u 和 v 的二维域。

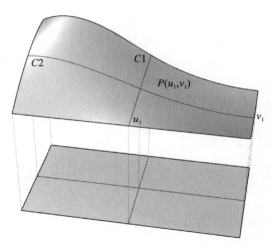

图 3.3-2　等程曲线

　　从一个矩形平面得到一个复杂的非矩形自由曲面如图 3.3-3 所示，等程曲线的矩形

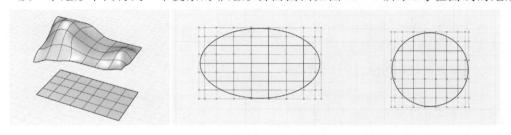

图 3.3-3　从矩形平面得到复杂非矩形自由曲面

正交网格变成了矩形变形网格。其中,非矩形自由曲面是基于矩形网格形成的,这通过椭圆或圆激活矩形网格的控制点来实现。Rhino 隐藏了修剪过的区域,但是实际的区域仍然是矩形。

不包含定义域的曲面称为修剪曲面,如图 3.3-4(a)所示;包含定义域的曲面称为未修剪曲面,如图 3.3-4(b)所示。

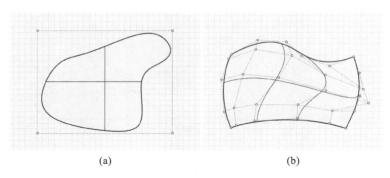

(a)   (b)

图 3.3-4   修剪曲面与未修剪曲面

3.3.2   曲面生成相关运算器介绍

1. 曲面挤出(Extrude)运算器

如图 3.3-5 所示,曲面挤出(Extrude)运算器可以将一条曲线(开放或闭合曲线)或一个表面按照一个向量方向进行挤出,生成一个有恒定截面的曲面。

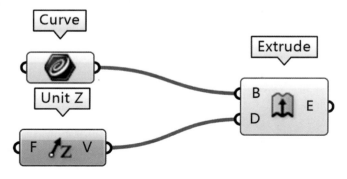

图 3.3-5   曲面挤出(Extrude)运算器

2. 边界曲面(Boundary Surfaces)运算器

如图 3.3-6 所示,边界曲面(Boundary Surfaces)运算器可以根据边界曲线(闭合的平面曲线)生成一个已修剪或未修剪的曲面。

3. 边缘曲面(Edge Surface)运算器

如图 3.3-7 所示,边缘曲面(Edge Surface)运算器可以生成由两条、三条或四条曲线按一定顺序构成的曲面。

4. 放样(Loft)运算器

如图 3.3-8 所示,放样(Loft)运算器可以根据一组有序的结构线(至少两条曲线)生

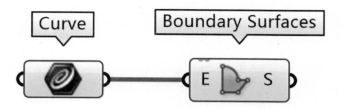

图 3.3-6 边界曲面(Boundary Surfaces)运算器

图 3.3-7 边缘曲面(Edge Surface)运算器

成一个曲面。放样选项(Loft Options)运算器可以用来设定生成的曲面是否封闭,接缝是否需要调整,曲面是否需要重建等。其中,放样类型:0 表示正常,1 表示松散,2 表示紧,3 表示直,4 表示可展,5 表示均匀。

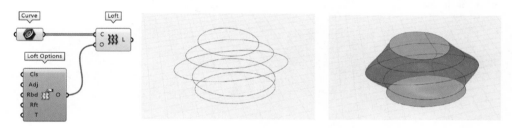

图 3.3-8 放样(Loft)运算器

5. 点生成面(Surface From Points)运算器

如图 3.3-9 所示,点生成面(Surface From Points)运算器可以根据点的集合生成曲面。

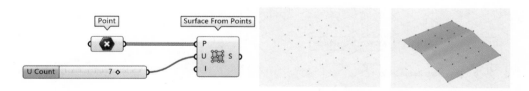

图 3.3-9 点生成面(Surface From Points)运算器

6. 嵌面(Patch)运算器

如图 3.3-10 所示,嵌面(Patch)运算器可以从修剪或未修剪曲面中生成一系列的垂直曲线,从而生成新的曲面。通常在无法通过其他运算器生成曲面时使用。

图 3.3-10　嵌面(Patch)运算器

7. 旋转成面(Revolution)运算器和轨道旋转(Rail Revolution)运算器

如图 3.3-11(a)所示,旋转成面(Revolution)运算器可以将轮廓曲线绕轴(一条直线)旋转生成曲面。

如图 3.3-11(b)所示,轨道旋转(Rail Revolution)运算器可以根据轮廓曲线和扫掠路径生成曲面。

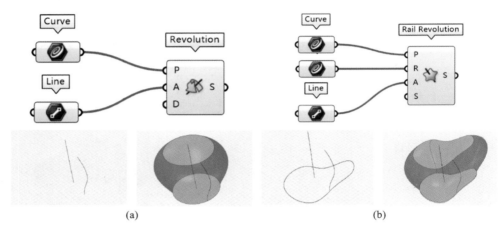

(a)　　　　　　　　　　　　　　　　　　(b)

图 3.3-11　旋转成面(Revolution)运算器和轨道旋转(Rail Revolution)运算器

8. 网格成面(Network Surface)运算器

如图 3.3-12 所示,网格成面(Network Surface)运算器可以根据两组有序曲线生成一个曲面,这两组曲线分别是 u 方向上的曲线和 v 方向上的曲线。Continuity(C)输入端指定曲面连续性的类型(0 表示松散,1 表示位置,2 表示切线,3 表示曲率)。与放样(Loft)运算器相比,网格成面(Network Surface)运算器可以对曲面边缘进行更多控制。

图 3.3-12　网格成面(Network Surface)运算器

9. 扫掠成面(Sweep)运算器

如图 3.3-13 所示,单轨扫掠成面(Sweep1)运算器和双轨扫掠成面(Sweep2)运算器可以根据断面曲线（Sections Curve）和扫掠路径（Rail）生成曲面。

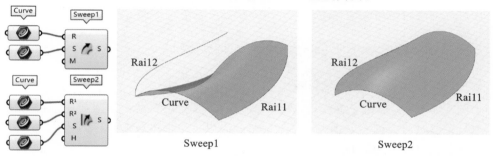

图 3.3-13　扫掠成面（Sweep）运算器

3.3.3　Grasshopper 曲面分析——寻找曲面上的点

1. 评估曲面（Evaluate Surface）运算器

评估曲面（Evaluate Surface）运算器可通过两个数值（u 和 v）对一个曲面进行分析。利用多维滑块（MD Slider）可同时定义 u 和 v 两个数值，如图 3.3-14 所示。

多维滑块是数字滑块的二维扩展，默认情况下，它的值在 u 和 v 方向上的范围为 0~1，因此它可以对曲面进行参数化，将其定义域设为[0,1]。评估曲面（Evaluate Surface）运算器的输出端包括：以世界坐标系定义的点 Points(P)，点 P 处的法向量 Normal(N) 和点 P 处的切平面 Frame(F) 等。

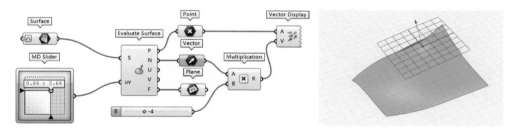

图 3.3-14　评估曲面（Evaluate Surface）运算器

2. 曲面最近点（Surface Closest Point）运算器

如图 3.3-15 所示，给定一个外部点 P，曲面最近点（Surface Closest Point）运算器可找到曲面上与 P 距离最近的点 P'，P' 和 P 之间的距离 D 由 Distance(D) 输出端输出。

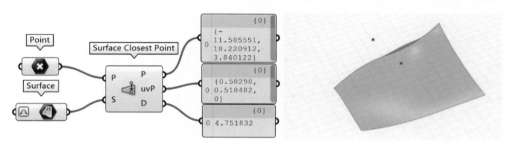

图 3.3-15　曲面最近点（Surface Closest Point）运算器

曲面最近点(Surface Closest Point)运算器也可用于曲面上的点在世界坐标系和局部坐标系之间的转换($P=P'$，$D=0$)。

3.3.4　Grasshopper 曲面分析——划分曲面

划分曲面(Divide Surface)运算器

如图3.3-16所示，划分曲面(Divide Surface)运算器可在曲面上生成一个点集网格。点的坐标值通过将曲面在 u 轴和 v 轴上的长度除以一个正整数来计算。

划分曲面(Divide Surface)运算器的输出端包括：点 Points(P)，点 P 处的法向量 Normal(N)及点 P 的局部坐标(uv)。

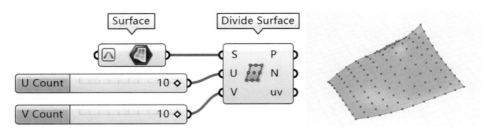

图 3.3-16　划分曲面(Divide Surface)运算器

3.3.5　Grasshopper 曲面分析——分解曲面

解构多重曲面(Deconstruct Brep)运算器

解构多重曲面(Deconstruct Brep)运算器用于从多重曲面(Brep)中提取面、边或顶点。

NURBS 曲面可以被想象成由面、边和顶点组成，包括以下元素：

①一个面(F_0)，面是曲面的有界部分；

②四条边(E_0，E_1，E_2，E_3)，边是有界的曲线；

③四个顶点(V_0，V_1，V_2，V_3)，顶点是位于角上的点，可以被提取。

盒、圆柱体、圆锥体以及其他几何实体都是由边界定义的，多重曲面(Brep)也是由边界定义的。

如图3.3-17所示，如果使用中心点成体(Center Box)运算器定义具有指定域的实体(Box)，并且将曲面(Surface)运算器连接到中心点成体(Center Box)运算器的 B 输出端，

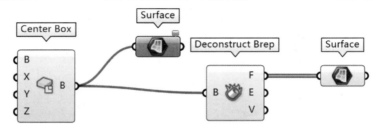

图 3.3-17　解构 NURBS 曲面

那么曲面(Surface)运算器背景将变为红色(错误状态),表示数据不匹配。产生这种错误的原因是实体(Box)是由六个曲面组合成的一个多重曲面(Brep)。为了从多重曲面中提取面、边或顶点,必须使用解构多重曲面(Deconstruct Brep)运算器将实体(Box)或多重曲面(Brep)解构为曲面(Surface)。

3.3.6　Grasshopper 曲面分析——分割曲面

1. 等参修剪(Isotrim)运算器

如图 3.3-18 所示,等参修剪(Isotrim)运算器可以从曲面中提取由等参线分割的子集,将一个曲面分割为多个子曲面。等参修剪(Isotrim)运算器通常与分割二维区间(Divide Domain²)运算器一起使用,分割二维区间(Divide Domain²)运算器用来设置 u 和 v 方向上的分区数量,并将分割后的区间传送到等参修剪(Isotrim)运算器的 Domain(D)输入端,等参修剪(Isotrim)运算器根据母曲面的二维区间(Domain²)输出一组未修剪曲面。图 3.3-18 中,子曲面的定义域在 u 方向上为 $[0,0.1]$,在 v 方向上为 $[0,0.2]$。

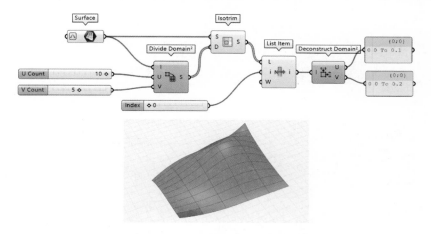

图 3.3-18　等参修剪(Isotrim)运算器

如果将等参修剪(Isotrim)运算器的 U 输入值设置为 50、V 输入值设置为 1,则会在母曲面上生成一系列条纹,可以通过对删除模式(Cull Pattern)运算器输入布尔参数(True,True,False)删除部分条纹,如图 3.3-19 所示。

2. 曲面分割(Surface Split)运算器

一个曲面可以被一条与该曲面重合的曲线分割。例如,一条测地线可以作为切割曲线,将一个曲面分成两部分。如图 3.3-20 所示,对测地线(Geodesic)运算器输入一个曲面 Surface(S)以及位于曲面相对边上的两点 Start(S)和 End(E),可以在曲面上两点之间生成测地线(最短路径曲线)。测地线可以被认为是弯曲空间中的线。

曲面分割(Surface Split)运算器使用切割曲线来分割曲面。如图 3.3-21 所示,以测地线作为切割曲线,曲面分割(Surface Split)运算器会生成两个已修剪曲面。要根据已修剪曲面创建未修剪曲面,可以使用解构多重曲面(Deconstruct Brep)运算器提取边并使用边缘曲面(Edge Surface)运算器创建新曲面。

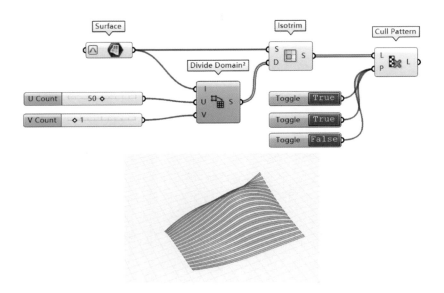

图 3.3-19　生成相邻条纹

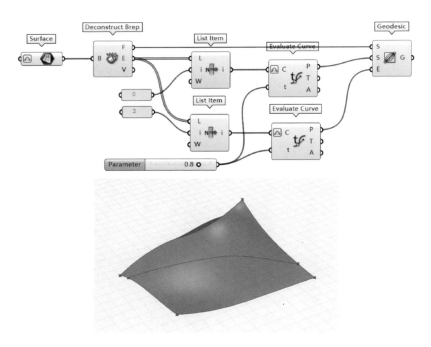

图 3.3-20　测地线（Geodesic）运算器

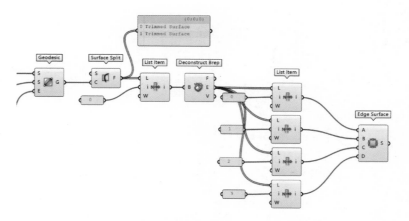

图 3.3-21　曲面分割(Surface Split)运算器

第 4 章   几 何 变 换

扫码观看
配套视频

4.1   几何变换的类型

本章将介绍更复杂的变换操作,即几何变换(图 4.1-1)。本章主要涉及的几何变换类型如下。

(1)欧氏变换:形状和大小不变,位置改变;包括平移、旋转和反射等。

(2)仿射变换:形状、位置不变,大小改变,但与原始几何物体平行;包括缩放、剪切和投影等。

(3)相似变换:形状不变,大小、位置改变。

(4)变形变换:拓扑关系不变,几何属性改变。

更复杂的变换可以通过组合的或特定的运算器来实现。

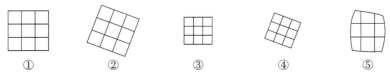

注:①原始几何物体;②欧式变换(旋转);③仿射变换(缩放);④相似变换(缩放+旋转);⑤变形变换。

图 4.1-1   几何变换

4.2   欧氏变换相关运算器介绍

4.2.1   移动(Move)运算器

移动(Move)运算器可以根据向量[连接 Motion(T)输入端]变换几何物体[连接 Geometry(G)输入端]。如图 4.2-1 所示,使用中心点成体(Center Box)运算器创建的实体(Box),可以通过单位向量 Z(Unit Z)运算器在 Z 方向上移动。

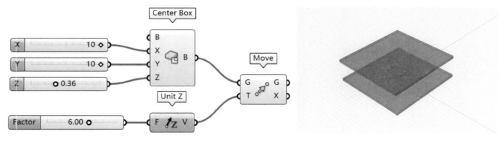

图 4.2-1   移动(Move)运算器

如果单位向量 Z(Unit Z)运算器的 Factor(F)输入端与多个数值相连接,它将输出多个向量,这些向量可以用来执行多次移动操作。例如,一个多层建筑可以通过将一个等差数列连接到单位向量 Z(Unit Z)运算器的 Factor(F)输入端来建模。如图 4.2-2 所示,在该简化模型中,数列(Series)运算器的 Step(N)输入端设置楼层之间的距离,Count(C)输入端设置楼层总数量,Start(S)输入端定义数列的起始值。如果将 Start(S)输入端设置为 0,则第一层将与原几何物体重合。

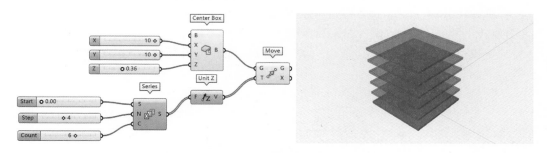

图 4.2-2　移动(Move)运算器执行多次平移操作

4.2.2　旋转(Rotate)运算器和绕轴旋转(Rotate Axis)运算器

旋转(Rotate)运算器可以根据一个平面来旋转几何物体。如图 4.2-3 所示,将实体

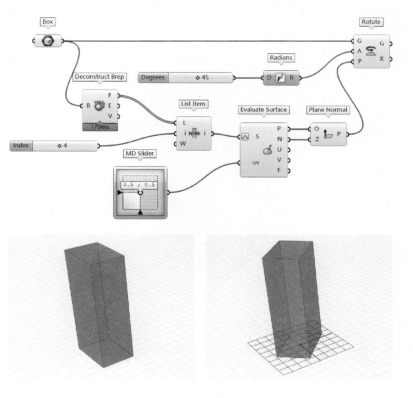

图 4.2-3　旋转(Rotate)运算器

（Box）运算器的输出端连接到旋转（Rotate）运算器的 Geometry（G）输入端，使用解构多重曲面（Deconstruct Brep）运算器分解实体（Box），将列表项目（List Item）运算器的索引序号（Index）设置为 4 以提取实体（Box）的底面；然后，使用评估曲面（Evaluate Surface）运算器获取底面的中心法向量，使用法向量平面（Plane Normal）运算器建立相应的平面，并将其连接到旋转（Rotate）运算器的 Plane（P）输入端；最后，使用 0°～360°的数字滑块设置旋转角度，通过弧度（Degrees）运算器将角度转换成弧度。

绕轴旋转（Rotate Axis）运算器可以围绕一条直线来旋转几何物体。如图 4.2-4 所示，当旋转角度 Angle（A）输入端连接多个数据时，可以实现连续旋转。如果将旋转轴定义为垂直线，从初始几何物体的中心点开始旋转，并使用不同的旋转角度，可实现渐变旋转。

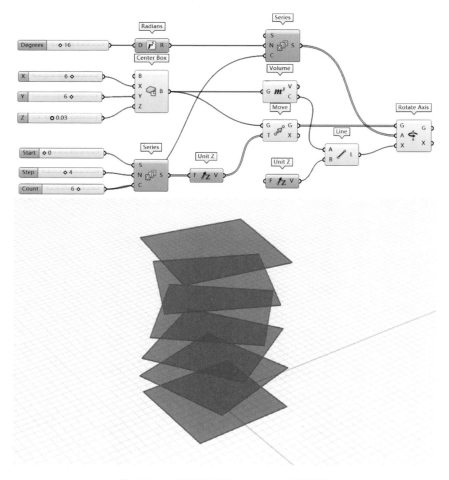

图 4.2-4　绕轴旋转（Rotate Axis）运算器

如图 4.2-5 所示，这个多层建筑的简化模型就应用了渐变旋转，其中：

$$增量旋转角度（相邻楼层之间的相对角度）=\frac{扭转角（第一层和最后一层之间的相对角度）}{楼层数-1}$$

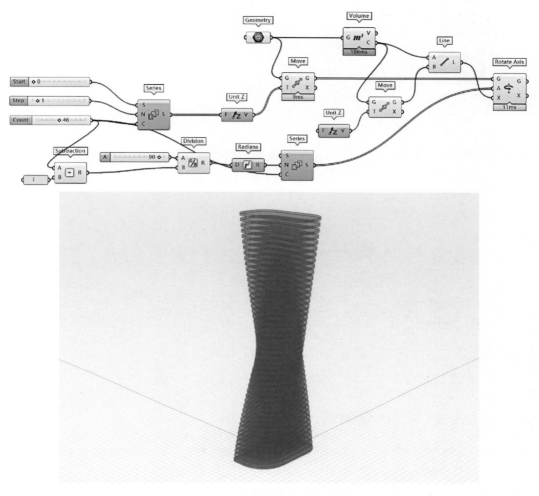

图 4.2-5　多层建筑的简化模型

4.3　仿射变换相关运算器介绍

4.3.1　投影(Project)运算器

如图 4.3-1 所示,投影(Project)运算器可以将几何物体直接投影到指定平面上。可以使用 XY Plane 运算器、YZ Plane 运算器、XZ Plane 运算器生成指定平面,也可以通过平面和曲线等几何物体建立平面。

4.3.2　沿物体投影(Project Along)运算器

如图 4.3-2 所示,沿物体投影(Project Along)运算器在投影(Project)运算器的基础上进行了扩展,可以将几何物体沿着指定方向进行投影。

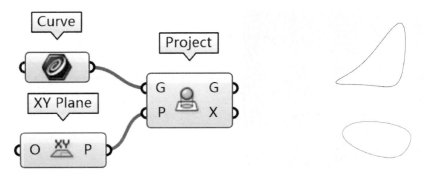

图 4.3-1 投影（Project）运算器

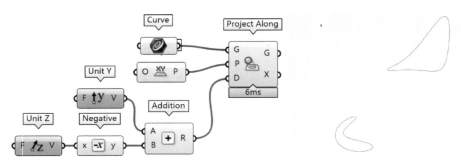

图 4.3-2 沿物体投影（Project Along）运算器

4.3.3 缩放（Scale）运算器

如图 4.3-3 所示，缩放（Scale）运算器可以在 X、Y 和 Z 方向上均匀地缩小或放大几何物体。缩放（Scale）运算器根据缩放中心 Center(C) 和比例因子 Factor(F) 来改变几何物体 Geometry(G) 的大小，缩放中心 Center(C) 可以是任意点。

比例因子（F）是正数，当 $0<F<1$ 时，几何物体被缩小；当 $F=1$ 时，几何物体不变；当 $F>1$ 时，几何物体被放大。

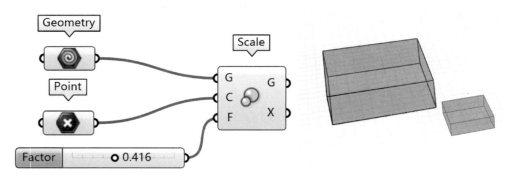

图 4.3-3 缩放（Scale）运算器

缩放（Scale）运算器还可以对多个几何物体执行缩放操作。如果将相同的比例因子应用于整个几何物体集，那么整个几何物体集将按相同的比例缩放。如果将含有不同比例因子的列表应用于几何物体集,则几何物体集中的每个物体将按不同的比例缩放。

如图 4.3-4 所示,通过数列(Series)运算器生成一个递增的等差数列,将其作为比例因子,输入缩放(Scale)运算器的 Factor(F)输入端,再将缩放中心 Center(C)定义为每个几何物体的形心,即可递增地放大多个几何物体。

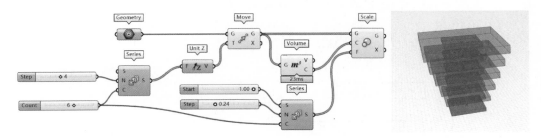

图 4.3-4　递增地放大多个几何物体

如图 4.3-5 所示,将"$-(1/10)*x*x+x+1$"[定义域为$(1,9)$]输入评估(Evaluate)运算器的 Expression(F)输入端,则 Result(r)输出端将生成一个对称的数字序列,将其作为比例因子,输入缩放(Scale)运算器的 Factor(F)输入端,即可非均匀地放大多个几何物体。

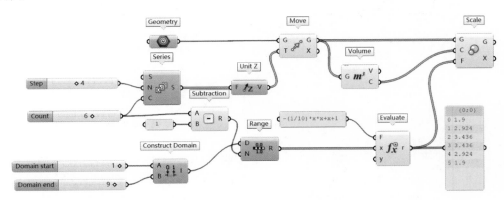

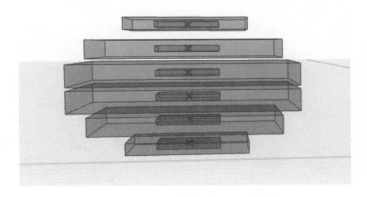

图 4.3-5　非均匀地放大多个几何物体

4.4 其他变换相关运算器介绍

4.4.1 图形映射器(Graph Mapper)运算器

为了更方便地定义数学函数,用户可以从图形映射器(Graph Mapper)运算器的右键菜单中选择所需的数学表达式(Graph types),如图 4.4-1 所示。

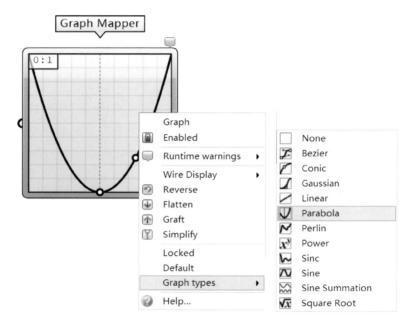

图 4.4-1　图形映射器(Graph Mapper)运算器

如图 4.4-2 所示,图形映射器(Graph Mapper)运算器可替换图 4.3-5 中的评估(Evaluate)运算器。

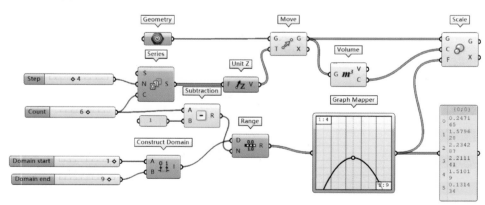

图 4.4-2　图形映射器(Graph Mapper)运算器案例

如图 4.4-3 所示,双击图形映射器(Graph Mapper)运算器,会弹出一个窗口,其中包括两个区间:A 和 B。

区间 A 控制运算器输入端读取数据的范围,可以理解为函数的横坐标。

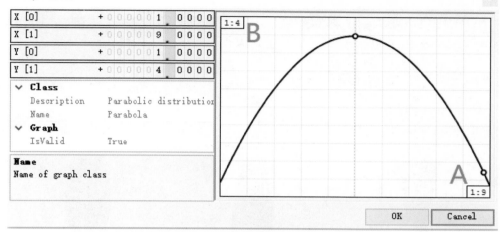

图 4.4-3　图形映射器(Graph Mapper)运算器的区间

区间 B 控制运算器输出列表的数值范围,可以理解为函数的纵坐标。如果 B 被设置为"1∶4",则输出列表中的最小值为 1,最大值为 4。

运算器中图形的控制点用于改变图形的函数曲线。图 4.4-4 为区间相同、图形的函数曲线不同时,运算器输出的不同几何物体集。

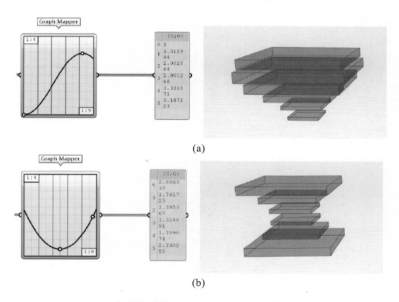

图 4.4-4　图形映射器(Graph Mapper)运算器案例演示

图形映射器(Graph Mapper)运算器可以应用于多层建筑的参数化建模,如图 4.4-5 所示。

图形映射器运算器还可以应用于构造不均匀分布的网格,如图 4.4-6 所示。

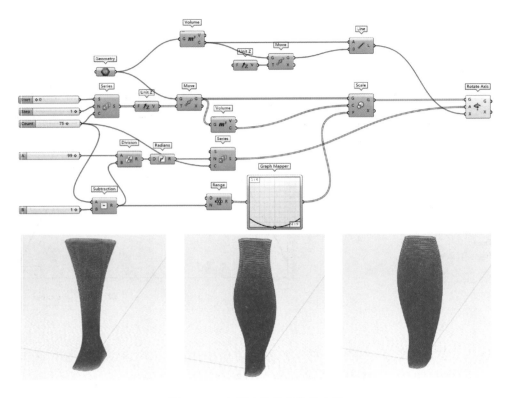

图 4.4-5 多层建筑的参数化建模

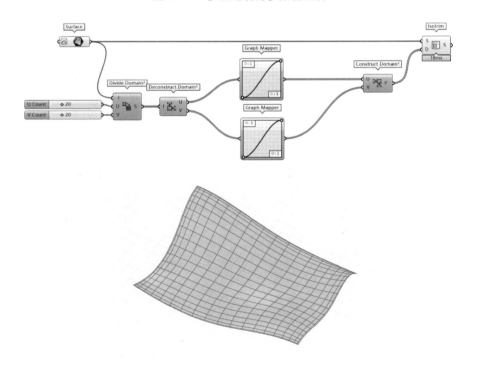

图 4.4-6 构造不均匀分布的网格

4.4.2 图像采样器(Image Sampler)运算器

图像采样器(Image Sampler)运算器用于将图像的色彩信息转换为数值。

每个矩形图像都可以想象成一个二维区间,其默认范围是0~1。假设将一个矩形网格叠到图像上,每个网格点所在位置的强度数值作为输出值,则输出列表可表示该图像的色彩信息。

如图4.4-7所示,双击图像采样器(Image Sampler)运算器,在弹出的窗口中加载图像、选择颜色模型并指定是否插入,则图像采样器(Image Sampler)运算器将输出一组强度数值。

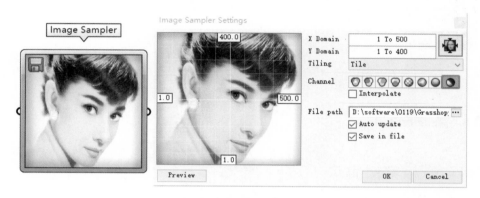

图4.4-7　图像采样器(Image Sampler)运算器

4.4.3 实体变形(Box Morph)运算器

如图4.4-8所示,实体变形(Box Morph)运算器可以根据一个"可塑"的参考实体来实现几何物体的变形。该运算器的输入端包括:

①几何物体 Geometry(G):一个或多个几何物体;

②参考实体 Reference(R):一个包含几何物体的实体;

③目标实体 Target(T):Grasshopper中任意运算器创建的实体。

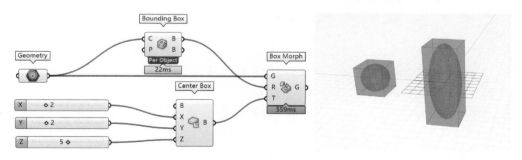

图4.4-8　实体变形(Box Morph)运算器

如图4.4-9所示,实体变形(Box Morph)运算器还可以同时将多个几何物体进行变形。使用几何物体(Geometry)运算器从Rhino中拾取多个几何物体,将这些几何物体输入包裹实体(Bounding Box)运算器。目标实体由扭曲实体(Twisted Box)运算器定义，该运算器根据八个边界点生成一个扭曲的实体。边界点可以在 Grasshopper 中通过坐标来定义，也可以在 Rhino 中绘制。如果边界点被调整，几何物体将相应地变形。

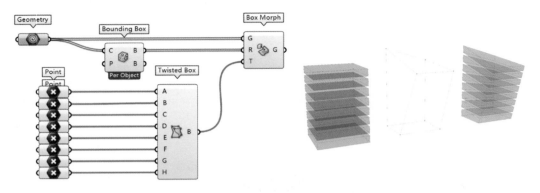

图 4.4-9　多个几何物体同时变形

4.5　案例演示

4.5.1　嵌板案例演示

如图 4.5-1 所示的嵌板案例演示中，给定一个曲面，曲面的每个单元可以被一个或多个几何物体定义，其步骤如下。

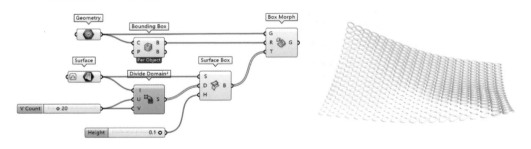

图 4.5-1　嵌板案例演示

步骤一：使用分割二维区间(Divide Domain²)运算器设置分区数量，将曲面分割成 20×20 个单元，再使用曲面成体(Surface Box)运算器[高度 Height(H)输入端设置为 0.1]在曲面上生成阵列的扭曲实体，如图 4.5-2 所示。

步骤二：使用实体变形(Box Morph)运算器将基础几何物体(G)匹配给目标实体(T)，以定义每个单元，如图 4.5-3 所示。

在上述案例中，如果将随机值连接到曲面成体(Surface Box)运算器的高度 Height(H)输入端，将导致目标实体的高度是随机的，即每个单元的高度是随机的，如图 4.5-4 所示。

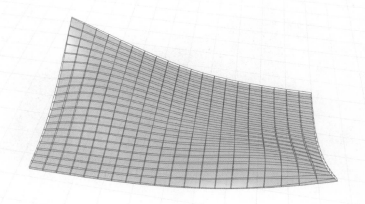

图 4.5-2　生成阵列的扭曲实体

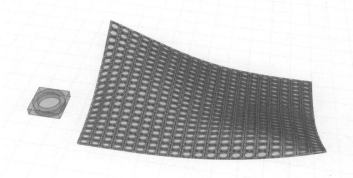

图 4.5-3　定义每个单元

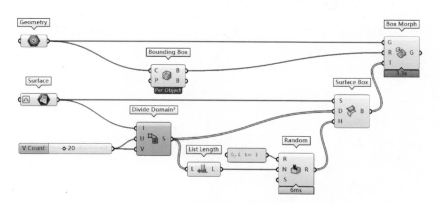

图 4.5-4　高度随机的嵌板案例演示

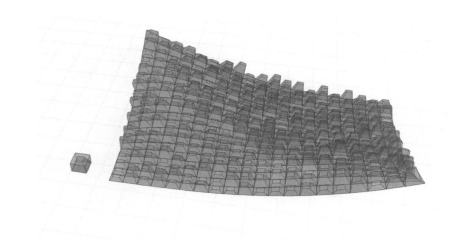

续图 4.5-4

4.5.2　干扰元案例演示

重映射数据(Remap Numbers)运算器可利用"干扰元"执行基于距离的形体转换操作,如图 4.5-5 所示。干扰元为几何物体,例如点、曲线等,用于在定义的范围内修改其周围的几何物体。干扰元对其他几何物体的影响取决于干扰元与其他几何物体之间的距离。接下来介绍一个简单的干扰元案例。

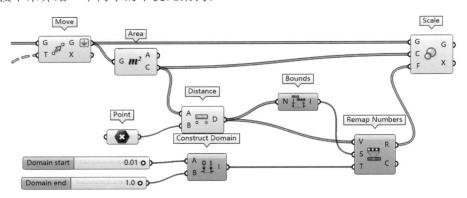

图 4.5-5　重映射数据(Remap Numbers)运算器

使用圆(Circle)运算器生成一个圆,其默认中心为点(0,0,0),半径为1;再使用移动(Move)运算器和数列(Series)运算器创建阵列圆,如图 4.5-6 所示。

从 Rhino 中拾取点作为干扰元,使用重映射数据(Remap Numbers)运算器将实际距离(干扰元与每个圆心的距离)按比例重新映射为(0,1]范围内的域,使阵列圆产生大小渐变的效果,如图 4.5-7 所示。

缩放(Scale)运算器可根据缩放中心(C)和比例因子(F)缩放几何物体。将重新映射的域(0,1]作为比例因子,随着干扰元位置的移动,干扰元与每个圆心的距离相应发生变化,缩放比例也随之变化。

边界曲面(Boundary Surfaces)运算器可根据闭合曲线创建曲面。

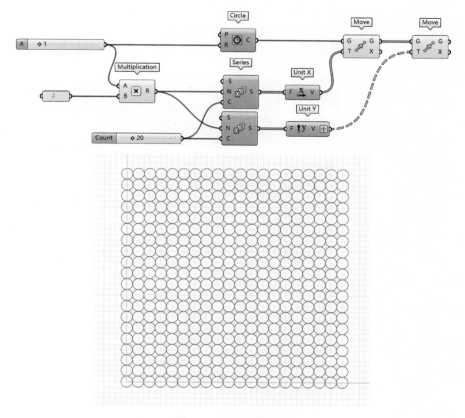

图 4.5-6　创建阵列圆

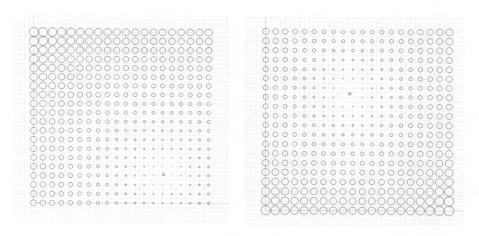

图 4.5-7　大小渐变

　　渐变(Gradient)运算器可根据数值大小不同显示不同的颜色,用于颜色的渐变显示,右键单击该运算器可以更改其颜色预设。

　　通过以上运算器,使阵列圆产生颜色渐变的效果,如图 4.5-8 所示。

　　曲线最近点(Curve Closest Point)运算器可以通过测量每个圆心与曲线上最近点之间的距离,让曲线成为干扰元,如图 4.5-9 所示。

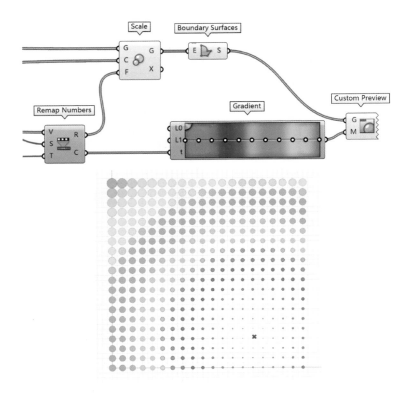

图 4.5-8　颜色渐变

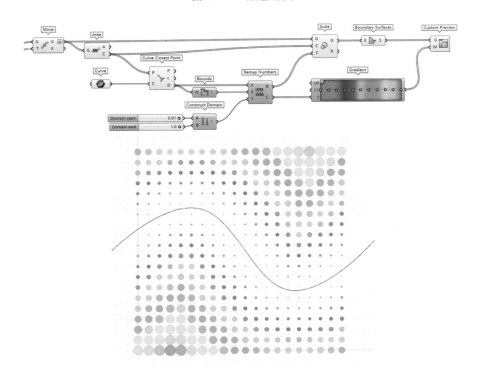

图 4.5-9　曲线干扰阵列圆的颜色渐变

如图 4.5-10 所示,使用重映射数据(Remap Numbers)运算器将重新映射的域设置为[3,15],使用单位向量 Z(Unit Z)运算器,可以使几何物体受到曲线干扰执行批量移动。

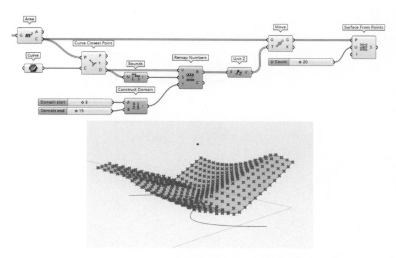

图 4.5-10　几何物体受到曲线干扰执行批量移动

PART B 参数化建筑性能模拟与优化

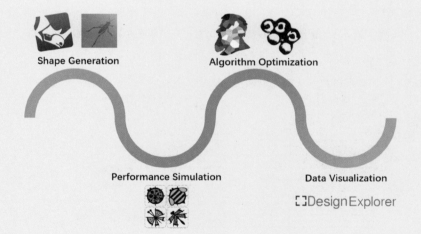

Shape Generation

Algorithm Optimization

Performance Simulation

Data Visualization

[]DesignExplorer

第5章　参数化建筑性能模拟分析

Ladybug Tools 是一个免费的计算机应用程序,包含 Ladybug、Honeybee、Butterfly、Dragonfly 四大板块,其官方网站为 https://www.ladybug.tools。在所有可用的建筑环境设计软件包中,Ladybug Tools 是最全面的工具之一,它包括 OpenStudio、Radiance、Daysim 和 OpenFOAM 等。本章主要介绍 Ladybug 气象数据可视化、Ladybug 太阳辐射与日照分析、Honeybee 构建分析模型、Honeybee Radiance 自然采光模拟、Honeybee Energy 建筑能耗模拟和 Butterfly 风环境模拟。

5.1　Ladybug 气象数据可视化

扫码观看
配套视频

5.1.1　EPW 概念介绍

EPW 气象数据是由美国能源部(DOE)发布的用于建筑性能模拟分析的一种标准化数据库。EPW 气象数据的官方网站(https://energyplus.net/)如图 5.1-1 所示。该网站几乎涵盖了全球所有主要地区的气象资料,包括太阳辐射、太阳路径、云量图、温度、湿度、风速、风向等。EPW 气象数据来源于 CSWD、IWEC 和 SWERA 等,为典型气象年数据。从 EPW 气象数据的官方网站下载的压缩包包含三个后缀分别为 epw、stat 和 ddy 的文件,其中 EPW 文件包含全年 8760 小时的逐时数据;STAT 文件是气象数据的基本情况统计结果;DDY 文件包含 ASHRAE 设计日气象数据,可用于计算暖通空调负荷。

图 5.1-1　EPW 气象数据官方网站

除了官方网站,一些研究机构也提供了更加便捷和直观的获取 EPW 气象数据的渠

道。如图 5.1-2 所示为 Ladybug Tools 官方论坛提供的 EPW 气象数据下载网页
(https://www.ladybug.tools/epwmap/),该网页提供了全球各主要城市的气象数据,
可直接用于计算与分析。此外,还有其他气象数据源网页,例如 http://climate.
onebuilding.org/WMO_Region_2_Asia/CHN_China/index.html。

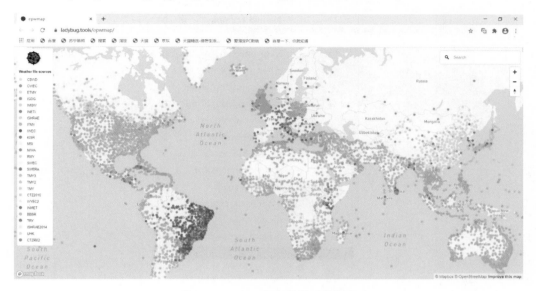

图 5.1-2　EPW 气象数据下载网页

5.1.2　Ladybug 主要运算器介绍

(1)LB Import EPW 运算器:可以将 EPW 气象数据文件中的温度、湿度、风速、风
向、太阳辐射等逐时数据分类导出(图 5.1-3)。

①输入端。

_epw_file:EPW 文件路径。

②输出端。

location:地理位置、经纬度及海拔信息。

dry_bulb_temperature:典型气象年逐时干球温度。

dew_point_temperature:典型气象年逐时露点温度。

relative_humidity:典型气象年逐时相对湿度。

wind_speed:典型气象年逐时风速。

wind_direction:典型气象年逐时风向。

direct_normal_rad:典型气象年逐时法向直接辐射。

diffuse_horizontal_rad:典型气象年逐时散射辐射。

global_horizontal_rad:典型气象年逐时水平面总辐射。

horizontal_infrared_rad:典型气象年逐时水平面红外辐射。

direct_normal_ill:典型气象年逐时法向直接照度。

diffuse_horizontal_ill:典型气象年逐时散射照度。

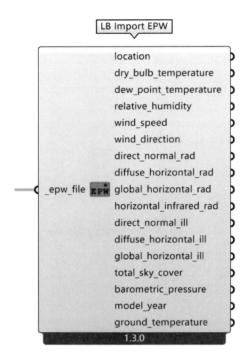

图 5.1-3　LB Import EPW 运算器

global_horizontal_ill：典型气象年逐时水平面总照度。

total_sky_cover：典型气象年逐时总天空覆盖率。

barometric_pressure：典型气象年逐时水平面大气压强。

model_year：典型气象年。

ground_temperature：典型气象年逐时地表温度。

（2）LB EPWmap 运算器：可以在默认浏览器中打开 EPWmap 页面（https://www.ladybug.tools/epwmap/）并下载（图 5.1-4）。

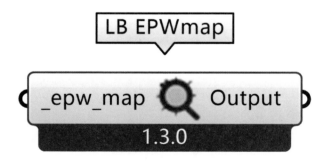

图 5.1-4　LB EPWmap 运算器

该运算器输入端如下。

_epw_map：连接 Boolean Toggle 运算器并设置为 True，可在默认浏览器中打开 EPWmap 页面（https://www.ladybug.tools/epwmap/）。

（3）LB Download Weather 运算器：可以从 EPW 气象数据官方网站（https://

energyplus. net/)下载压缩包并解压,然后将 EPW、STAT 和 DDY 文件都读取至
Grasshopper 中(图 5.1-5)。

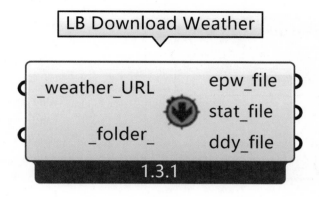

图 5.1-5 LB Download Weather 运算器

①输入端。

_weather_URL:EPW 气象数据下载地址(https://www. energyplus. net/weather)。

foider:可指定本地路径,避免占用 C 盘空间。

②输出端。

epw_file:EPW 文件路径。

stat_file:STAT 文件路径。

ddy_file:DDY 文件路径。

5.1.3 气象数据获取方法

(1)从 EPW 气象数据官方网站下载压缩包并解压,转存到本地后用 FilePath 运算器
读取,如图 5.1-6 所示。

(2)如图 5.1-7 所示,用 LB EPWmap 运算器打开 EPWmap 页面,再手动点选目标地
址。

(3)如图 5.1-8 所示,在 LB Download Weather 运算器的_weather_URL 输入端写入
EPW 气象数据的下载路径,运算器将下载 EPW 气象数据文件并读取至
Grasshopper 中。

5.1.4 气象数据可视化主要运算器介绍

(1)LB Hourly Plot 运算器:如图 5.1-9 所示,用于在 Rhino 中制作任意气象数据或
每小时模拟数据的 3D 模型。

该运算器输入端如下。

_data:气象数据列表。

_base_pt_:模型的基点坐标。

_x_dim_:X 轴方向长度。

_y_dim_:Y 轴方向长度。

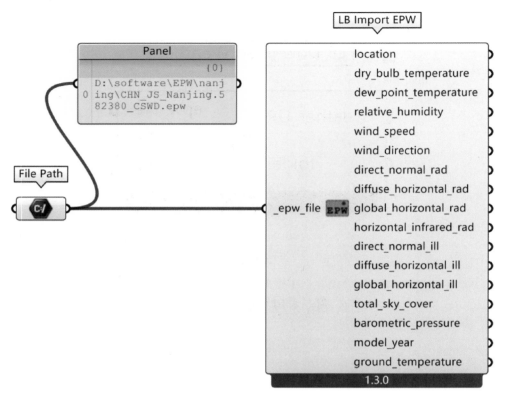

图 5.1-6　用 File Path 运算器读取气象数据

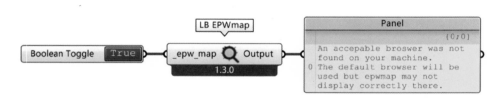

图 5.1-7　手动点选目标地址

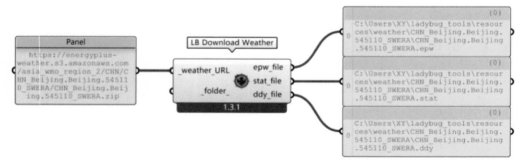

图 5.1-8　指定气象数据下载路径

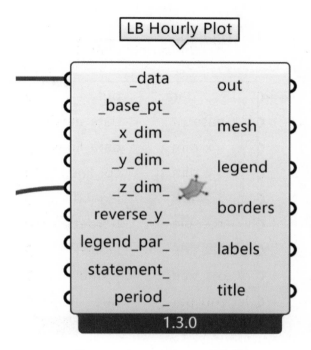

图 5.1-9　LB Hourly Plot 运算器

_z_dim_：Z 轴方向长度。

reverse_y_：反转 Y 轴数据。

legend_par_：自定义显示颜色。

statement_：约束输出值，比如设置为 a＞25，则模型中只显示大于 25 的数据。

period_：调用数据的时间。

（2）LB Monthly Chart 运算器：如图 5.1-10 所示，用于在 Rhino 中绘制任意 Monthly 气象数据或每小时模拟数据的条形图。

该运算器主要输入端如下。

_data：气象数据列表。

_base_pt_：条形图的基点坐标。

_x_dim_：X 轴方向长度。

_y_dim_：Y 轴方向长度。

global_title_：自定义主标题。

y_axis_title_：自定义 Y 轴名称。

legend_par_：自定义显示颜色。

（3）LB Wind Rose 运算器：可以根据风速、风向在 Rhino 中绘制风玫瑰图（图5.1-11）。

该运算器主要输入端如下。

_data：典型气象年逐时风速或气温（或者任一逐时数据）。

_wind_direction：典型气象年逐时风向。

_dir_count__：方位数量，实验时以 16 为最佳，具体根据 EPW 风向数据情况而定。

_center_pt_：风玫瑰图的基点坐标。

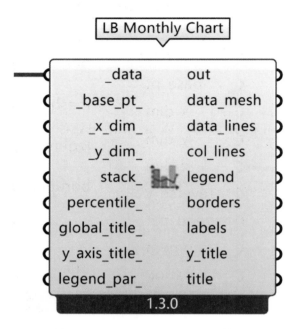

图 5.1-10   LB Monthly Chart 运算器

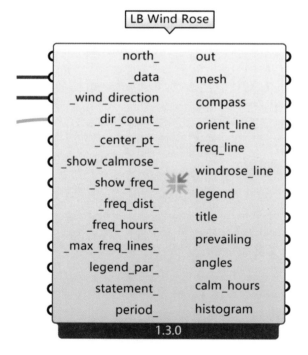

图 5.1-11   LB Wind Rose 运算器

_show_freq_:是否显示风的频次。

_freq_hours_:是否显示各方向平均风速。

_max_freq_lines_:风玫瑰最大圆半径。

legend_par_:自定义显示颜色。

statement_:约束输出值,比如设置为 a＞25,则风玫瑰图中只显示大于 25 的数据。

period_:模拟周期。

5.1.5 气象数据可视化案例(以北京市 EPW 气象数据为例)

(1)典型气象年全年气温可视化(图 5.1-12 和图 5.1-13)。

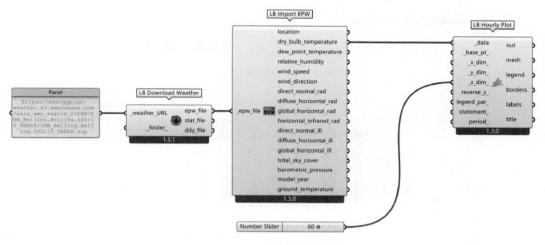

图 5.1-12 运算器连接图

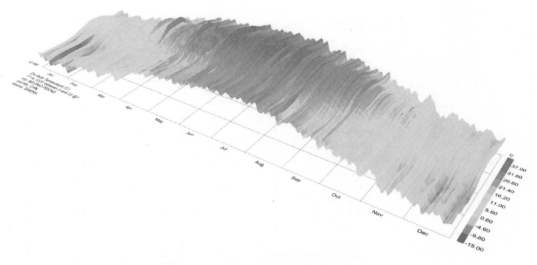

图 5.1-13 全年气温可视化结果

(2)典型气象年月平均温湿度对比图(图 5.1-14 和图 5.1-15)。

(3)典型气象年风玫瑰图(图 5.1-16 和图 5.1-17)。

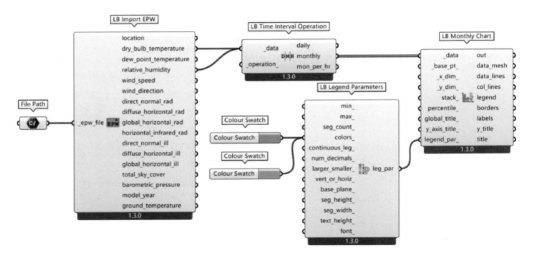

图 5.1-14　运算器连接图

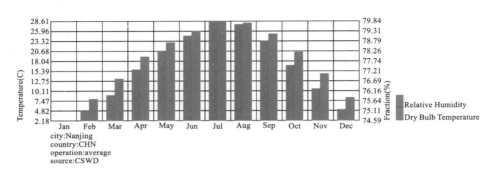

图 5.1-15　月平均温湿度对比图

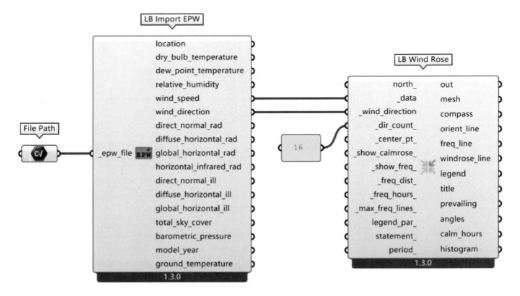

图 5.1-16　运算器连接图

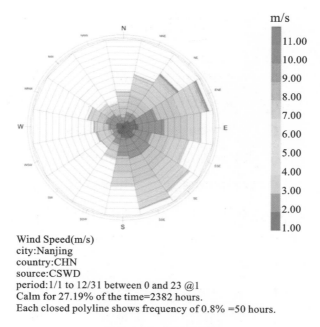

Wind Speed(m/s)
city:Nanjing
country:CHN
source:CSWD
period:1/1 to 12/31 between 0 and 23 @1
Calm for 27.19% of the time=2382 hours.
Each closed polyline shows frequency of 0.8% =50 hours.

图 5.1-17 风玫瑰图

5.2　Ladybug 太阳辐射与日照分析

太阳辐射是指太阳以电磁波的形式向外传递能量。太阳辐射通过大气，一部分到达地面，称为直接太阳辐射；另一部分被大气中的分子、微尘、水汽等吸收、散射或反射。被散射的太阳辐射一部分返回宇宙，另一部分到达地面，到达地面的这部分称为散射太阳辐射。到达地面的散射太阳辐射和直接太阳辐射统称为总辐射。衡量太阳辐射强弱的物理量为太阳辐射强度，单位为 kJ/m²。日照是指物体被太阳光直接照射的现象，通常用日照时数表示物体受到日照的情况。阴影是指不透明物体受到光线照射后，在投影面形成的较暗区域。

5.2.1　主要运算器介绍

（1）LB SunPath 运算器：用于在 Rhino 中制作 3D 太阳轨迹模型，同时输出光线向量，该光线向量可用于日照时数模拟计算或遮光设计（图 5.2-1）。

①主要输入端。

north_：北向向量。

_location：地理信息。

hoys_：自定义轨迹时间。

solar_time_：连接布尔参数（False 代表地方时，True 代表真太阳时）。

_center_pt_：太阳轨迹模型中心点。

scale：太阳轨迹模型大小（初始值为 1）。

legend_par_：自定义显示颜色。

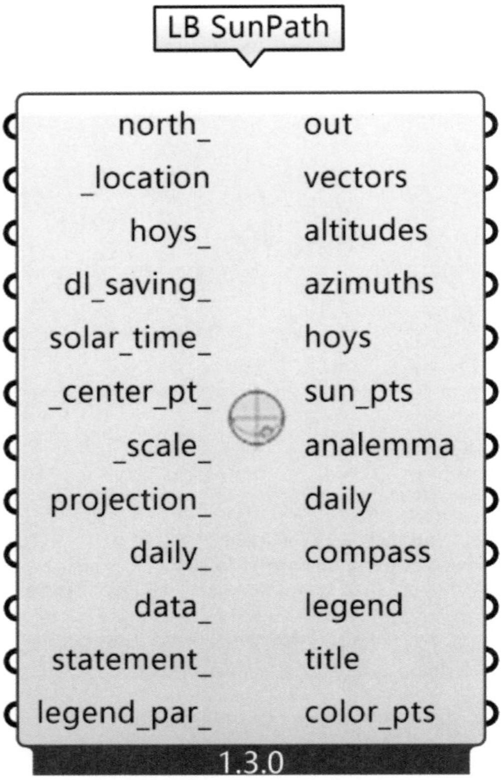

图 5.2-1 LB SunPath 运算器

②主要输出端。

vectors：光线向量列表。

altitudes：太阳高度角。

azimuths：太阳方位角。

sun_pts：自定义时间的太阳位置。

（2）LB Direct Sun Hours 运算器：主要用于日照时数模拟计算（图 5.2-2）。

该运算器输入端如下。

_vectors：光线向量列表。

timestep：时间步长，默认设置为 1，表示每小时取 1 个光线向量，数值越高，计算精度越高，但数值须小于 60 且可以被 60 整除。

_geometry：待分析建筑或者平面。

context_：周边遮挡建筑或者平面。

_grid_size：网格细分精度。

_offset_dist_：测点与测试面间距，一般设置为 0.001，确保测点不受测试面干扰。

legend_par_：自定义显示颜色。

_cpu_count_：调用 CPU 数量。

_run：运行开关。

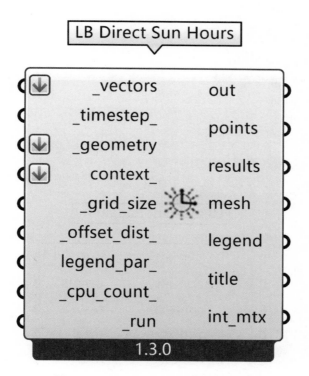

图 5.2-2　LB Direct Sun Hours 运算器

（3）LB Cumulative Sky Matrix 运算器：可以根据 EPW 气象数据生成该地区一年中每个小时的天空辐射 sky_mtx 函数值（图 5.2-3）。

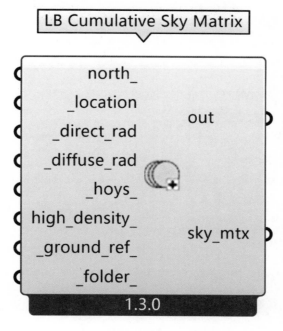

图 5.2-3　LB Cumulative Sky Matrix 运算器

①主要输入端。

_location：地理信息。

_direct_rad：直接辐射强度。

_diffuse_rad：太空漫反射强度。

hoys：自定义时间。

high_density_：天空穹顶细分精度，0 代表 Tregenza sky；1 代表 Reinhart sky。

②主要输出端。

sky_mtx：给定时间区间的天空矩阵列表。

（4）LB Incident Radiation 运算器：用于计算建筑外表面受到的太阳辐射强度（图5.2-4）。

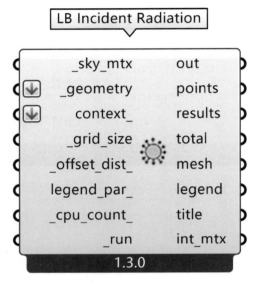

图 5.2-4　LB Incident Radiation 运算器

该运算器输入端如下。

_sky_mtx：给定时间区间的天空矩阵列表。

_geometry：待分析建筑或者平面。

context_：周边遮挡建筑或者平面。

_grid_size：网格细分精度。

_offset_dist_：测点与测试面间距，一般设置为 0.001，确保测点不受测试面干扰。

legend_par_：自定义显示颜色。

_cpu_count_：调用 CPU 数量。

_run：运行开关。

5.2.2　太阳辐射与日照分析案例

（1）建筑外表面日照时数模拟计算。

运算器连接图如图 5.2-5 所示，本案例模拟的气象数据为北京市典型气象年的气象数据，模拟时间区间为大寒日早上 8 时至下午 16 时，模拟对象为 9 个 4.2 m×6.5 m×

3.9 m的建筑模型,布置间距为 10 m,光线向量的时间步长为 1,网格细分精度为 0.3 m。
建筑外表面日照时数模拟计算结果如图 5.2-6 所示。

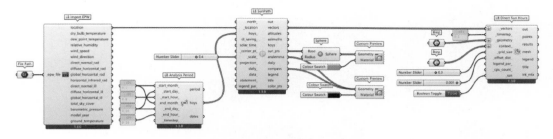

图 5.2-5　运算器连接图

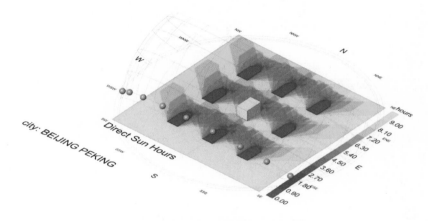

图 5.2-6　建筑外表面日照时数模拟计算结果

(2)场地日照时数模拟计算。

运算器连接图如图 5.2-7 所示,本案例模拟的气象数据为北京市典型气象年的气象
数据,模拟时间区间为大寒日早上 8 时至下午 16 时,待分析平面为 1 个 60 m×60 m 的
矩形平面,周边遮挡建筑为 9 个 4.2 m×6.5 m×3.9 m 的建筑模型,布置间距为 10 m,
光线向量的时间步长为 1,网格细分精度为 0.3 m。场地日照时数模拟结果如图5.2-8
所示。

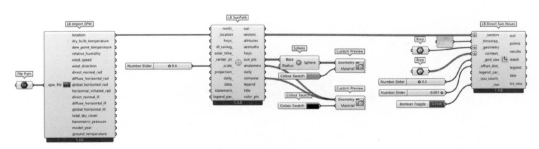

图 5.2-7　运算器连接图

(3)太阳辐射强度模拟计算。

运算器连接图如图 5.2-9 所示,本案例模拟的气象数据为北京市典型气象年的气象

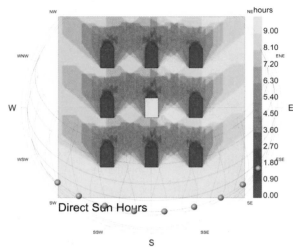

city: BEIJING PEKING

图 5.2-8　场地日照时数模拟计算结果

数据,模拟时间为大寒日中午 12 时,待分析建筑与平面为 9 个 4.2 m×6.5 m×3.9 m 的
建筑模型和 1 个 60 m×60 m 的矩形平面,布置间距为 10 m,同时它们相互遮挡,网格细
分精度为 0.3 m。太阳辐射强度模拟计算结果如图 5.2-10 所示。

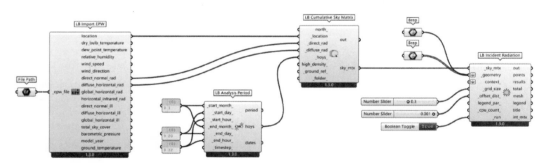

图 5.2-9　运算器连接图

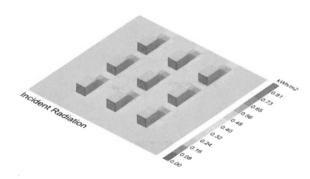

图 5.2-10　太阳辐射强度模拟计算结果

5.3 Honeybee 构建分析模型

5.3.1 主要运算器介绍

（1）HB Face 运算器：如图 5.3-1 所示，该运算器用于将 Rhino 中的曲面转化为 HB 分析曲面。

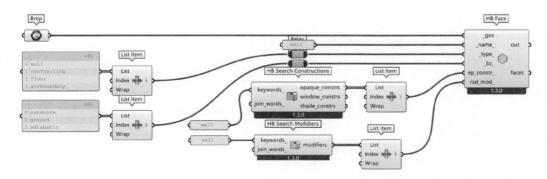

图 5.3-1　HB Face 运算器

该运算器输入端如下。

_geo：读取曲面。

name：命名曲面，便于在做 HB 分析模型可视化时进行观察。

type：设置曲面在房间中的位置，包括 4 个选项：墙体（wall）、天花板（roofceiling）、楼板（floor）、空气边界（airboundary）。不输入文字时默认根据曲面方向设置。

_bc_：设置曲面对外与什么接触，包括 3 个选项：空气（outdoors）、土壤（ground）、绝热（adiabatic）。

ep_constr_：自定义材质能耗相关属性。

rad_mod_：自定义材质采光相关属性。

（2）HB Solve Adjacency 运算器：如图 5.3-2 所示，该运算器主要用于解决多个体块的重合面问题。

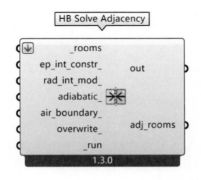

图 5.3-2　HB Solve Adjacency 运算器

该运算器主要输入端如下。

_rooms：多个具有重合面的 HB 房间单元。

ep_int_constr_：夹层构造能耗属性。

rad_int_mod_：夹层构造采光属性。

adiabatic_：是否将夹层设为绝热房间边界。默认设置为 False。

air_boundary_：设置空气边界面类型。默认设置为 False。注意，如果将内部窗口分配给内部面，则无法设置空气边界面类型。

overwrite_：如果设置为 True，则将覆盖现有的曲面边界条件；如果设置为 False 或不设置，则只更新指定邻接项。

（3）HB Model 运算器：如图 5.3-3 所示，该运算器主要用于组合 HB 分析模型。

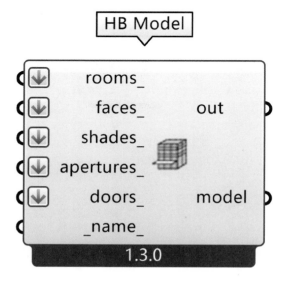

图 5.3-3　HB Model 运算器

该运算器输入端如下。

rooms_：多个 HB 房间单元。

faces_：夹层构造能耗属性。

shades_：夹层构造采光属性。

apertures_：是否将夹层设为绝热房间边界。默认设置为 False。

doors_：设置空气边界面类型。默认设置为 False。注意，如果将内部窗口分配给内部面，则无法设置空气边界面类型。

name：自定义 HB 分析模型名称。

（4）HB 分析模型变动运算器组：如图 5.3-4 所示，主要用于变动 HB 分析模型位置与朝向。

其中，HB Mirror 运算器用于镜像变动，HB Move 运算器用于移动变动，HB Rotate 运算器用于旋转变动，HB Scale 运算器用于缩放变动。

（5）HB 分析模型可视化运算器组：如图 5.3-5 所示，主要用于 HB 分析模型可视化表达。

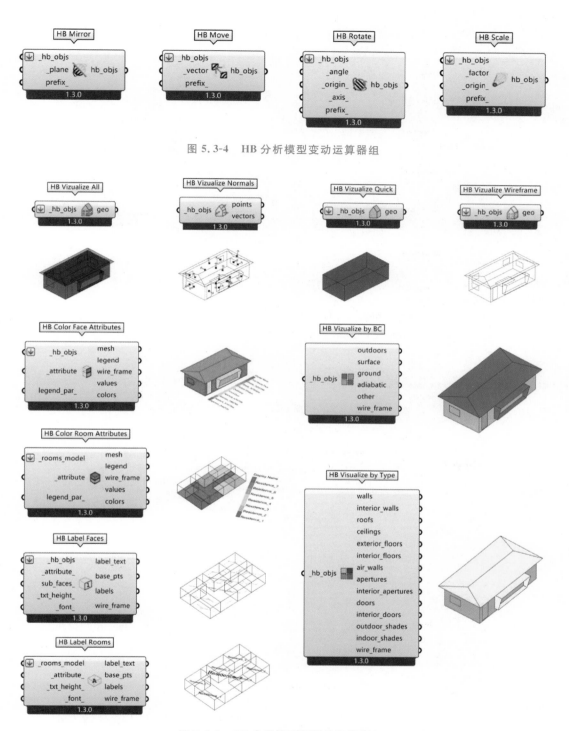

图 5.3-4　HB 分析模型变动运算器组

图 5.3-5　HB 分析模型可视化运算器组

5.3.2 Honeybee 构建分析模型的三种方式

（1）独立定制的方式（图 5.3-6）。

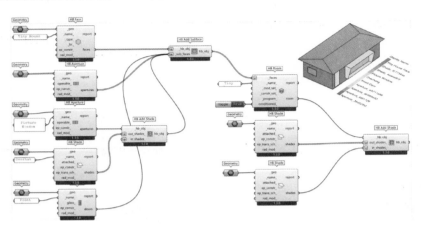

图 5.3-6　独立定制

（2）多个房间组合（自定义门窗）的方式（图 5.3-7）。

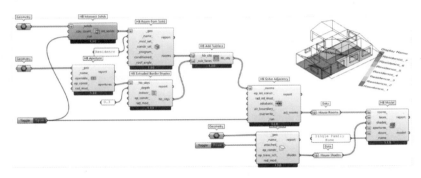

图 5.3-7　多个房间组合

（3）多个房间块组合（程式化定制门窗与遮阳）的方式（图 5.3-8）。

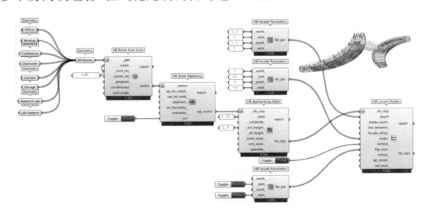

图 5.3-8　多个房间块组合

5.4 Honeybee Radiance 自然采光模拟

自然采光(Natural Illumination)是指建筑通过日光获得的室内照明。其效果受多方面因素影响,主要取决于采光窗的面积和形状、窗外遮挡物、窗玻璃的颜色和清洁程度、室内设备色调的反射程度等。目前常用的评价指标有:采光系数(Daylight Factor)、照度均匀度(Illumination Uniformity)、眩光评价指标(Daylight Glare Index)、有效照度(Useful Daylight Illuminance)等。其中前三个属于静态评价指标,最后一个属于动态评价指标。在 Ladybug 与 Honeybee 中进行自然采光模拟的工作原理是调用 Radiance 作为内核进行模拟计算。

5.4.1 主要运算器介绍

(1)HB Sensor Grid from Rooms 运算器:如图 5.4-1 所示,该运算器用于生成采光分析测点。

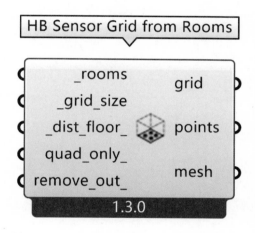

图 5.4-1　HB Sensor Grid from Rooms 运算器

该运算器主要输入端如下。

_rooms:HB rooms 分析模型。

_grid_size:网格细分精度。

_dist_floor_:测点所在平面与地板平面的距离,测点所在平面一般与桌子齐平,与地板平面的距离为 0.75 m。

(2)自定义材料采光属性运算器组:如图 5.4-2 所示,用于自定义材料采光属性。

其主要输入端如下。

_reflect:自然光反射率。

_r_ref:红色自然光反射率。

_g_ref:绿色自然光反射率。

_b_ref:蓝色自然光反射率。

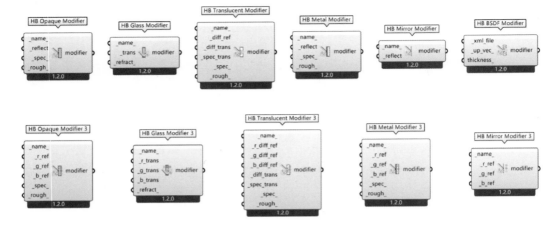

图 5.4-2　自定义材料采光属性运算器组

spec:自然光镜面反射率。

_trans:自然光透射率。

_r_trans:红色自然光透射率。

_g_trans:绿色自然光透射率。

_b_trans:蓝色自然光透射率。

rough:材质粗糙度。

_diff_ref:自然光漫反射率。

_r_diff_ref:红色自然光漫反射率。

_g_diff_ref:绿色自然光漫反射率。

_b_diff_ref:蓝色自然光漫反射率。

_diff_trans:自然光漫透射率。

_spec_trans:自然光镜面透射率。

refract:玻璃折射率。

（3）Light Source 运算器组：如图 5.4-3 所示，用于生成天空模型。

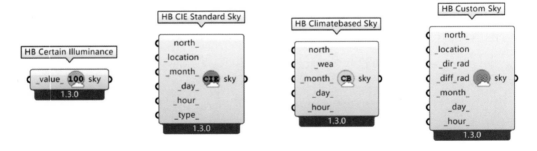

图 5.4-3　Light Source 运算器组

①各个运算器作用。

HB Certain Illuminance 运算器：基于照度值生成 CIE 天空模型。

HB CIE Standard Sky 运算器：生成标准 CIE 天空模型。

HB Climatebased Sky 运算器：基于气象数据文件、自定义时间生成天空模型。

HB Custom Sky 运算器：生成自定义天空模型。

②主要输入端。

value：照度。

_location：地理位置。

_wea：气象数据文件。

_dir_rad：直接辐射强度。

_diff_rad：漫反射强度。

（4）采光运算器组：如图 5.4-4 所示，用于采光的模拟计算。

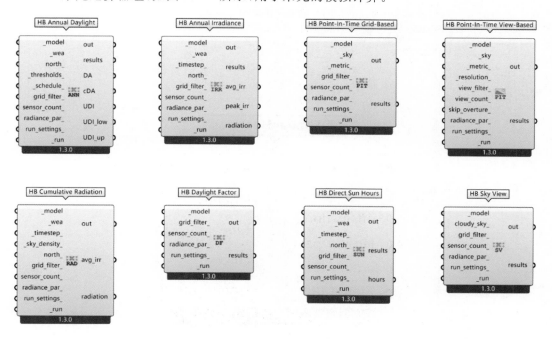

图 5.4-4　采光运算器组

各个运算器作用如下。

HB Annual Daylight 运算器：计算年度采光性能。

HB Annual Irradiance 运算器：计算年辐照度。

HB Point-In-Time Grid-Based 运算器：计算自定义时间光照照度。

HB Point-In-Time View-Based 运算器：计算自定义时间眩光。

HB Cumulative Radiation 运算器：计算累计辐射量。

HB Daylight Factor 运算器：计算采光系数。

HB Direct Sun Hours 运算器：计算日照时数。

HB Sky View 运算器：计算天空视界。

（5）HB Spatial Daylight Autonomy 运算器：如图 5.4-5 所示，该运算器用于读取 sDA（空间中日光水平的年度充足性）。

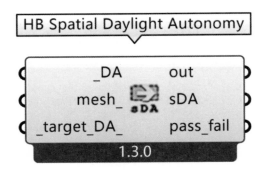

图 5.4-5　HB Spatial Daylight Autonomy 运算器

该运算器主要输入端如下。

_DA：HB Annual Daylight 运算器的计算结果。

mesh_：检测面网格。

（6）LB Spatial Heatmap 运算器：如图 5.4-6 所示，该运算器用于采光模拟计算结果的可视化。

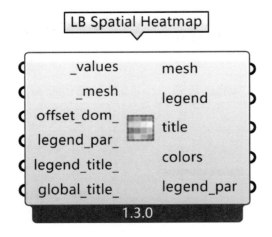

图 5.4-6　LB Spatial Heatmap 运算器

该运算器主要输入端如下。

_values：模拟计算结果。

_mesh：检测面网格。

legend_par_：可视化设置。

（7）HB False Color 运算器：如图 5.4-7 所示，该运算器用于眩光模拟计算结果的读取与可视化调控。

该运算器主要输入端如下。

_hdr：眩光模拟计算结果。

legend_height_：标注高度。

legend_width_：标注宽度。

（8）HB Glare Postprocess 运算器：如图 5.4-8 所示，该运算器用于计算 DGP。

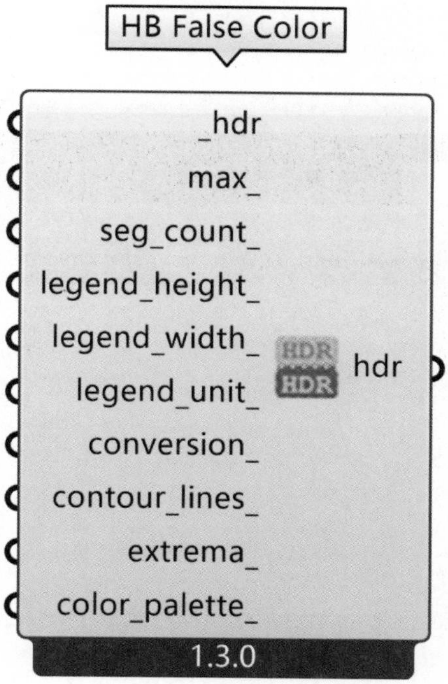

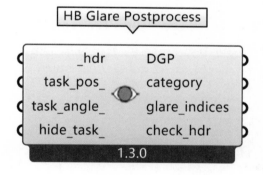

图 5.4-7　HB False Color 运算器

图 5.4-8　HB Glare Postprocess 运算器

①主要输入端。

_hdr:眩光模拟计算结果。

②主要输出端。

DGP:日光眩光指数。

category:眩光程度类型,包括 4 种类型:不易察觉眩光(DGP$<$0.35)、可感知眩光(0.35$\leqslant$DGP$<$0.4)、干扰眩光(0.4$\leqslant$DGP$<$0.45)、不可忍受眩光(DGP$\geqslant$0.45)。

(9)Ladybug_ImageViewer 运算器:如图 5.4-9 所示,该运算器用于眩光模拟计算结果的可视化。

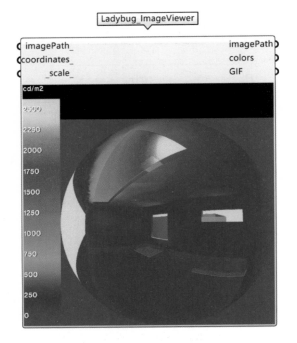

图 5.4-9 Ladybug_ImageViewer 运算器

5.4.2 自然采光模拟案例

如图 5.4-10 和图 5.4-11 所示,首先构建出 Honeybee 模型,本案例以长、宽、高分别为 6.5 m、4.2 m、3.9 m 的矩形作为基础体块,在南侧开窗,窗墙比为 0.6,墙体的反射率为 0.35,玻璃的透射率为 0.65,模拟的建筑类型为 Open Office。

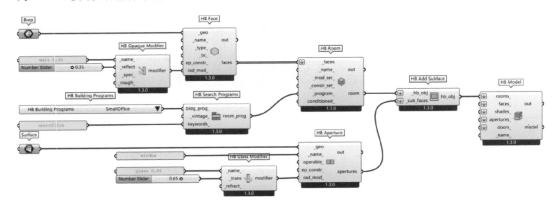

图 5.4-10 运算器连接图

(1)采光系数模拟计算。

运算器连接图如图 5.4-12 所示,模拟网格细分精度为 0.3 m,模拟平面水平高度为 0.75 m。采光系数模拟计算结果如图 5.4-13 所示。

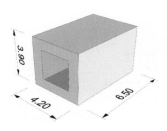

图 5.4-11　模型尺寸(单位:m)

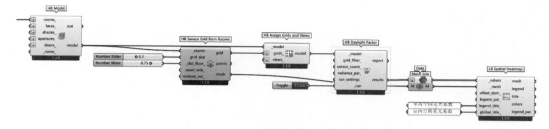

图 5.4-12　运算器连接图

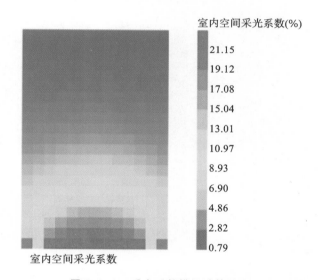

室内空间采光系数(%)

21.15
19.12
17.08
15.04
13.01
10.97
8.93
6.90
4.86
2.82
0.79

室内空间采光系数

图 5.4-13　采光系数模拟计算结果

(2)年度采光性能模拟计算。

运算器连接图如图 5.4-14 所示,模拟网格细分精度为 0.3 m,模拟平面水平高度为 0.75 m,采用北京市的 EPW 气象数据。年度采光性能模拟计算结果如图 5.4-15 所示,分析可知 UDL 小于 100 lux 的占比为 2.77%,UDL 在 100~2000 lux 之间的占比为 66.11%,UDL 大于 2000 lux 的占比为 31.12%。

(3)眩光模拟计算。

运算器连接图如图 5.4-16 所示,模拟时间为 3 月 1 日早上 9 时,模拟视图为鱼眼视图,视点高度为 1.7 m,采用北京市的 EPW 气象数据。眩光模拟计算结果如图 5.4-17 所示,分析可知 DGP=0.313,小于 0.35,因此该眩光可以忽略。

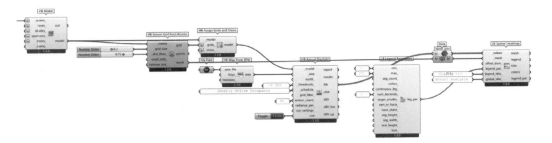

图 5.4-14 运算器连接图

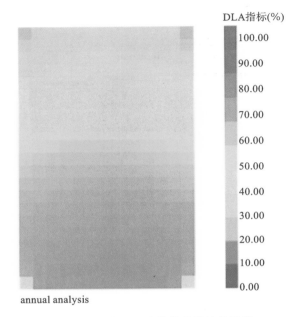

annual analysis

图 5.4-15　年度采光性能模拟计算结果

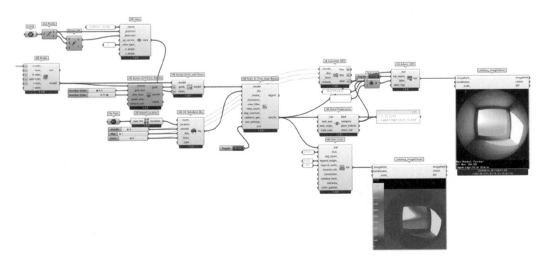

图 5.4-16　运算器连接图

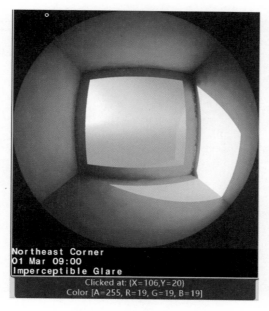

图 5.4-17　眩光模拟计算结果

5.5　Honeybee Energy 建筑能耗模拟

评价绿色建筑的一个重要指标是其全年的能耗总量,能耗模拟计算结果可以便于建筑师在前期对可能的方案进行能耗评估,也可以用于计算建筑是否达到相应的绿色建筑设计标准。

5.5.1　原理介绍

(1)EnergyPlus。

Honeybee 进行能耗模拟计算所使用的引擎是 EnergyPlus,它是由美国能源部(Department of Energy,DOE)和劳伦斯伯克利国家实验室(Lawrence Berkeley National Laboratory,LBNL)等单位共同开发的一款开源的建筑能耗模拟引擎,采用先进的集成同步的负荷/设备/系统模拟方法和热平衡法,具有模块化开发式结构以及容易与其他软件衔接等优点[1]。OpenStudio 是 EnergyPlus 的常见用户界面之一。

EnergyPlus 的能耗模拟计算基于能(热)量守恒定律,即在一段时间内,进入一个房间(或建筑)的能(热)量应该与从该房间(或建筑)散失的能(热)量相等,即能量的输入与输出应相等,如图 5.5-1 所示。

---

①　潘毅群,吴刚,HARTKOPF V.建筑全能耗分析软件 EnergyPlus 及其应用[J].暖通空调,2004,34(09):2-7.

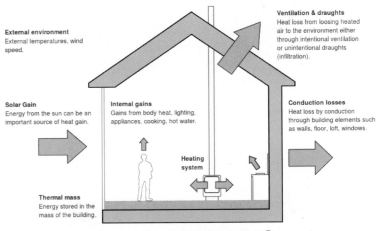

图 5.5-1 能量的输入与输出①

（2）能耗模拟计算的一般流程。

Honeybee 可以利用系统自带的模板建立带有维护、照明、通风、空调等系统的模型，也可以自定义新的构造、时间表等，并利用 EnergyPlus 计算上述各部分能量，或者计算 PMV 等各种室内热舒适指标。其进行能耗模拟计算的大致流程如下：①创建 HB 分析模型；②进行能耗属性设置（功能、构造、使用时间表、设备功率、空调系统等）；③EP 参数设置、模拟；④输出以及可视化能耗模拟计算结果。

5.5.2 主要运算器介绍

（1）重组材料构造（Create Construction）运算器组：如图 5.5-2 所示，用于重组材料的构造。

图 5.5-2 重组材料构造（Create Construction）运算器组

各运算器作用如下。

HB Opaque Construction 运算器：重组不透光材料的构造。

HB Window Construction 运算器：重组透光材料（通常为窗）的构造。

HB Shade Construction 运算器：自定义遮阳构件的能耗属性。

（2）拆分构造（HB Deconstruct ConstructionSet）运算器：如图 5.5-3 所示，该运算器可以利用 HB Search Construction Sets 运算器选择构造，再将其拆分成各个材料，并显示材料的热工属性，如导热系数、热阻等。

（3）自定义材料能耗属性（Construct EP Material）运算器组：如图 5.5-4 所示，用于自定义材料的能耗属性。

---

① https://learn.openenergymonitor.org/sustainable-energy/building-energy-model/readme.

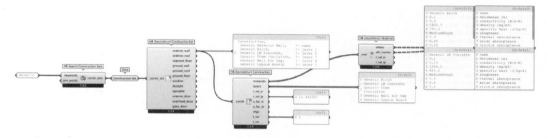

图 5.5-3　拆分构造（HB Deconstruct ConstructionSet）运算器

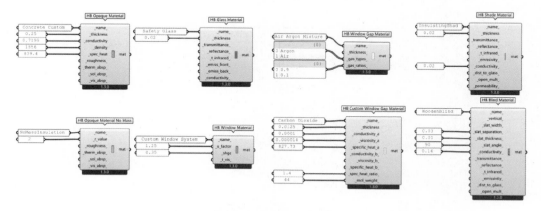

图 5.5-4　自定义材料能耗属性（Construct EP Material）运算器组

各运算器对应的材料如下。

HB Opaque Material 运算器：有质量厚度的不透光材料。

HB Opaque Material No Mass 运算器：忽略质量厚度的不透光材料。

HB Glass Material 运算器：有质量厚度的透光材料。

HB Window Material 运算器：忽略质量厚度的玻璃材料。

HB Window Gap Material 运算器：有空气间层的透光玻璃。

HB Custom Window Gap Material 运算器：定制三玻两腔的透光玻璃。

HB Shade Material 运算器：遮阳材料。

HB Blind Material 运算器：遮阳百叶材料。

（4）查询时间表（HB Search Schedules）运算器：如图 5.5-5 所示，对该运算器输入一个系统的程序，可得到该程序所默认的时间表，包括人员在室率、人员活动强度、制冷或采暖的设定温度等。HB Schedule to Data 运算器可以显示时间表的具体数据，LB Hourly Plot 运算器可以将数据可视化。

（5）运行能耗模拟（HB Model to OSM）运算器：如图 5.5-6 所示，该运算器用于将 HB 分析模型转化为 OSM 文件（OpenStudio 模型文件）。OSM 文件可被转化为 IDF 文件，便于用户调用 EnergyPlus 引擎对建筑进行能耗模拟计算，并得到模拟计算结果，再通过面板（Panel）运算器读取模拟计算结果。

该运算器主要输入端如下。

_model：连接 HB 分析模型。

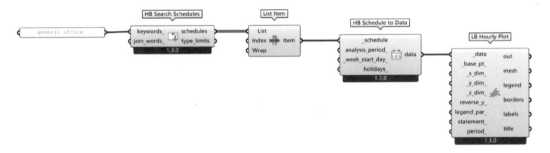

图 5.5-5　查询时间表(HB Search Schedules)运算器

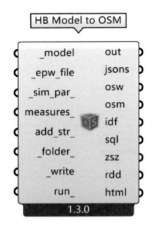

图 5.5-6　运行能耗模拟(HB Model to OSM)运算器

_epw_file:连接一个本地 EPW 文件的路径。

_sim_par_:默认分析一整年的能耗。

_write:写入计算文件。

run_:启动模拟计算。

5.5.3　建筑能耗模拟案例

如图 5.5-7 所示,首先使用 HB Face 运算器将 Rhino 中建立的体块转化为 HB 分析模型,设置其建筑类型为封闭办公室(Closed Office)。接下来,利用 HB Apertures by Ratio 运算器设置该建筑的南北立面开窗率。

然后利用 HB Annual Loads 运算器调用 EnergyPlus 引擎进行能耗模拟计算,同时接入本地 EPW 文件,如图 5.5-8 所示。

如图 5.5-9 所示,模拟计算结束后可以用面板(Panel)运算器对能耗模拟计算结果进行读取。如全年制冷能耗模拟计算结果是 202.186092 kW·h。

还可以利用 LB Monthly Chart 运算器对各部分的能耗模拟计算结果进行可视化,如图 5.5-10 所示。

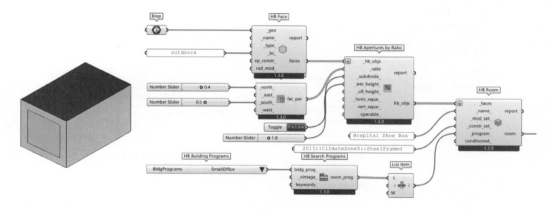

图 5.5-7　创建 HB 分析模型

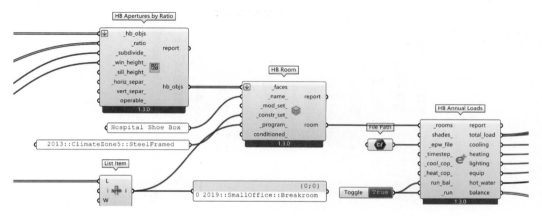

图 5.5-8　能耗模拟计算

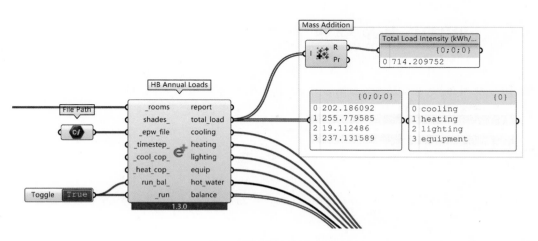

图 5.5-9　读取能耗模拟计算结果

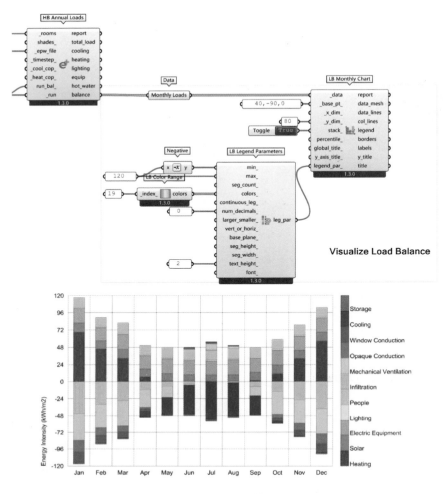

图 5.5-10　能耗模拟计算结果可视化

5.6　Butterfly 风环境模拟

建筑的室内外风环境模拟结果可以用于对场地的布局、建筑的形体及朝向、景观布置、建筑平面布局、送风系统、外窗的大小及位置进行评估和调整,以满足相应的风环境要求(如风速、风压等)。

5.6.1　原理介绍

(1)CFD。

计算流体力学(computational fluid dynamics,CFD)以电子计算机为工具,应用各种离散化的数学方法,对流体力学的各类问题进行数值实验、计算机模拟和分析研究,以解决各种实际问题,广泛应用于航天设计、汽车设计、生物医学工业、化工处理工业、半导体设计等诸多工程领域①。

　　建筑领域中主要利用 CFD 相关软件对各种尺度的室内外风环境进行模拟并可视化。

　　（2）OpenFOAM。

　　Butterfly（也可简称为 BF）使用的 CFD 引擎是 OpenFOAM，它是目前经过验证的比较准确的开放源码引擎，可以处理复杂的几何物体，其自带的 snappyHexMesh 可以快速高效地划分六面体及多面体网格，网格质量高，同时支持大型并行计算②。OpenFOAM 是一个 C++类库，用于创建可执行文件。BF 相当于 OpenFOAM 的可视化界面，可以大大降低初学者学习 CFD 模拟的门槛。

　　（3）风环境模拟流程。

　　模拟流程一般为：①创建 BF 几何物体；②从风洞创建算例（模拟室外风环境）或从几何物体创建算例（模拟室内风环境）；③划分网格；④迭代求解；⑤结果可视化。其中网格的质量（主要指精细程度）以及迭代的次数都会影响结果的可靠性。

5.6.2　主要运算器介绍

　　（1）创建 BF 几何物体（Butterfly_Create Butterfly Geometry）运算器：如图 5.6-1 所示，该运算器可用于创建 BF 可以识别的几何物体（BF geometry）。

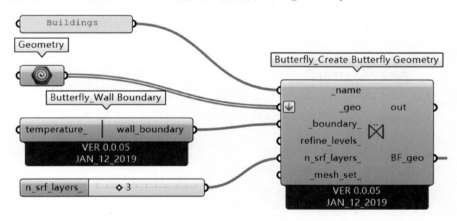

图 5.6-1　创建 BF 几何物体（Butterfly_Create Butterfly Geometry）运算器

　　该运算器主要输入端如下。

　　_geo：输入的几何物体。

　　boundary：边界类型，可选择进风口（inlet）、出风口（outlet）、墙体（wall）等。

　　_mesh_set_：网格质量设定。

　　（2）从几何物体创建算例（Butterfly_Create Case from Geometries）运算器：如图5.6-2所示，该运算器可用于创建室内通风算例。

　　该运算器主要输入端如下。

① https://baike.sogou.com/v64719749.htm？ch＝zhihu.topic.

② https://baike.baidu.com/item/OpenFOAM/3052023？fr＝aladdin.

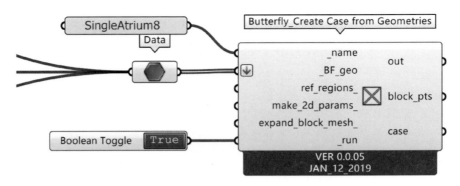

图 5.6-2　从几何物体创建算例(Butterfly_Create Case from Geometries)运算器

_name：算例名称。

_BF_geo：BF 几何物体。

ref_regions_：细分区域，可利用 Refinement Region 运算器指定一个区域进行细分。

make_2d_params_：生成 2D 风洞。

（3）从风洞创建算例(Butterfly_Create Case from Tunnel)运算器：如图 5.6-3 所示，该运算器可用于创建室外通风算例。

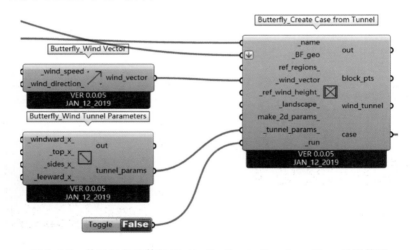

图 5.6-3　从风洞创建算例(Butterfly_Create Case from Tunnel)运算器

该运算器主要输入端如下。

ref_regions_：细分区域，可利用 Refinement Region 运算器指定一个区域进行细分。

_wind_vector：风向量，可利用 Wind Vector 运算器设定风的大小和方向。

landscape：近地面的复杂程度系数。

_ref_wind_height_：梯度风高度，即风速在垂直方向最高点的高度。

_tunnel_params_：风洞大小，可利用 Butterfly_Wind Tunnel Parameters 运算器设定。

（4）背景网格划分(Butterfly_blockMesh)运算器：如图 5.6-4 所示，该运算器可用于创建初始网格。

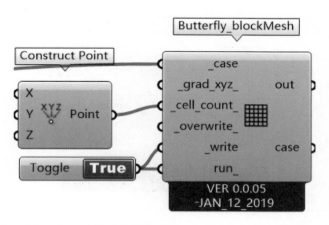

图 5.6-4　背景网格划分(Butterfly_blockMesh)运算器

该运算器主要输入端如下。

_grad_xyz_:手动调整网格,可以连接 Grading XYZ 运算器,对背景网格的疏密进行手动调整。

_cell_count_:网格数量,可以用一个三维坐标的点分别控制 X、Y、Z 方向上的网格数量。

(5)贴体网格划分(Butterfly_snappyHexMesh)运算器:如图 5.6-5 所示,该运算器可用于对初始网格的指定区域进行进一步的划分。

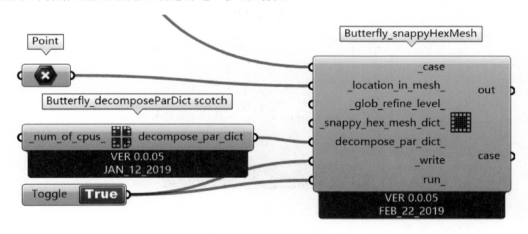

图 5.6-5　贴体网格划分(Butterfly_snappyHexMesh)运算器

该运算器主要输入端如下。

_location_in_mesh_:定位点,定义贴体网格划分区域,默认为中心点。

_glob_refine_level_:全局网格细分,可设定贴体网格的划分等级。

_snappy_hex_mesh_dict_:贴体详细设置,可对贴体网格的层数、厚度等进行详细的设置。

decompose_par_dict_:并行运算,可设置多个 CPU 进行并行运算。

(6)迭代设置(Butterfly_controlDict)运算器:如图 5.6-6 所示,该运算器可用于对迭代次数进行设置。

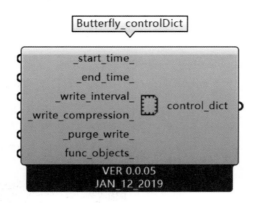

图 5.6-6　迭代设置（Butterfly_controlDict）运算器

该运算器主要输入端如下。

_start_time_：开始迭代次数。

_end_time_：结束迭代次数。

_write_interval_：每保存一次数据的迭代次数。

_write_compression_：是否压缩数据。

_purge_write_：保存结果的数量，"0"表示所有结果会被保存。

（7）BF 求解（Butterfly_Solution）运算器：如图 5.6-7 所示，该运算器用于调用 OpenFOAM 进行求解。

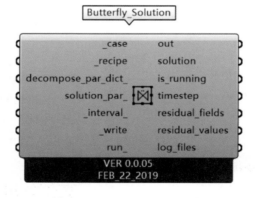

图 5.6-7　BF 求解（Butterfly_Solution）运算器

该运算器主要输入端如下。

_recipe：求解器类型，可以连接稳态不可压缩求解器（steady incompressible recipe，用于研究气流布局）或传热求解器（heat transfer recipe，用于研究室内热环境及舒适度）。

solution_par_：求解设置，可以接入迭代次数或探针。

interval：时间步长，计算一次的真实时间，单位为秒。

5.6.3　室外通风模拟案例

第一步，将 Rhino 中建立的建筑体块连接到 Butterfly_Create Butterfly Geometry 运

算器的_geo 输入端,将其转化为 BF 几何物体,并赋予其相应的边界属性等,如图 5.6-8 所示。本案例中,建筑体块都被赋予墙体边界(wall boundary)属性。

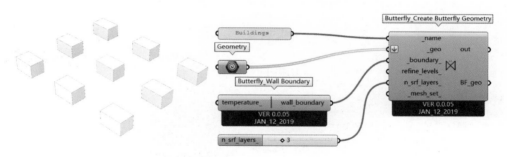

图 5.6-8 生成 BF 几何物体

第二步,使用 Butterfly_Create Case from Tunnel 运算器,设置风速为 2.5 m/s,风向为南风,基于 BF 几何物体的边界,定义风洞的扩大系数以及大小,如图 5.6-9 所示。

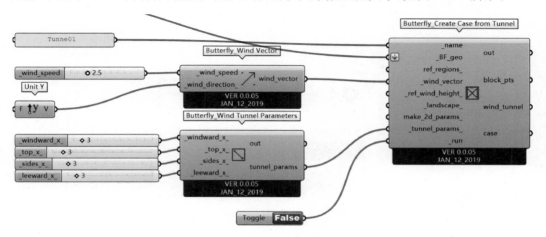

图 5.6-9 创建风洞

第三步,使用 Butterfly_blockMesh 运算器设定 X、Y 和 Z 方向上的网格数量,再用显示网格(Butterfly_Load Mesh)运算器进行网格预览,如图 5.6-10 所示。

第四步,使用 Butterfly_snappyHexMesh 运算器将建筑连入,并拾取建筑外的一个点以便于计算时去掉建筑内部,然后设定 CPU 并行运算的核心数,对网格进行进一步的划分,如图 5.6-11 所示。

第五步,使用 Butterfly_Solution 运算器将建筑连入,_recipe 输入端连接 Butterfly_Steady Incompressible Recipe 运算器的 recipe 输出端,decompose_par_dict_输入端连入 CPU 并行运算的核心数,如图 5.6-12 所示。

在稍复杂的案例中,可以对迭代次数进行设置,以满足对模拟结果精度的需求,如图 5.6-13所示。

第六步,如图 5.6-14 所示,利用 Honeybee_Generate Test Points 运算器拾取 Rhino 中建立的需要进行风模拟的平面并生成测点,用 Butterfly_probes 运算器设置需要保存的数据类型:U。

第七步,将 Butterfly_Solution 运算器的 run_输入端设置为"True"来进行求解,求解

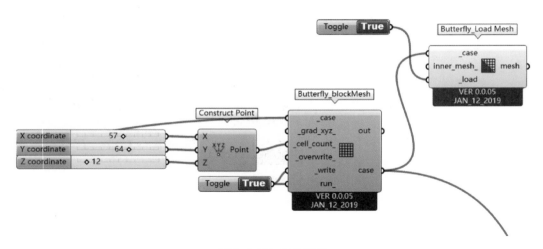

图 5.6-10　划分网格

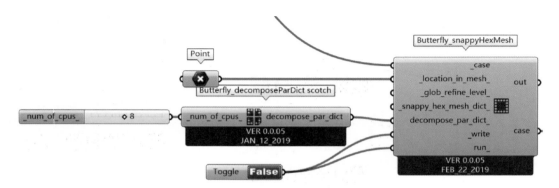

图 5.6-11　进一步划分网格

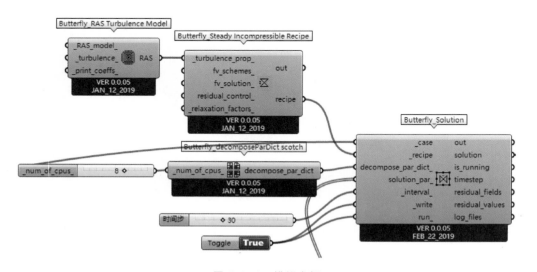

图 5.6-12　模拟求解

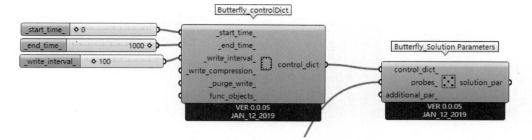

图 5.6-13　设置迭代次数

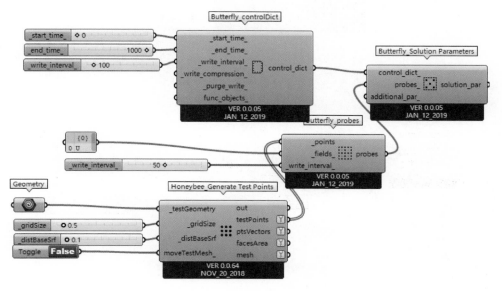

图 5.6-14　设置测点

结束后，将 Butterfly_Load Probes Value 运算器的 _solution 输入端连接 Butterfly_Solution 运算器的 solution 输出端，提取每个测点的风向量，并利用对网格面进行填色（Ladybug_Recolor Mesh）运算器对风速模拟结果进行可视化（注意要将 _inputMesh 输入端连接 Honeybee_Generate Test Points 运算器的 mesh 输出端），如图 5.6-15 所示。

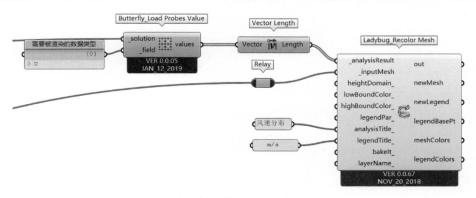

图 5.6-15　风速模拟结果可视化

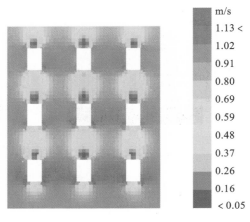

续图 5.6-15

　　另外,也可以利用向量显示(Vector Display Ex)运算器对风向量的大小和方向进行可视化,如图 5.6-16 所示。

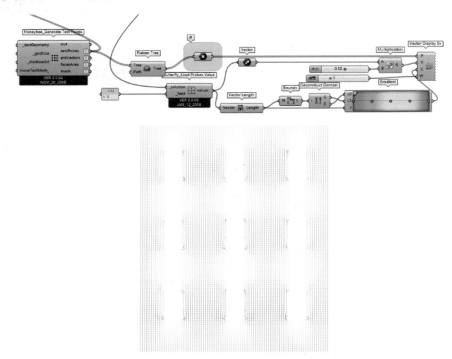

图 5.6-16　风向量的大小和方向可视化

5.6.4　室内通风模拟案例

　　室内通风模拟和室外通风模拟的步骤相似,但在建模时须单独构建进风口和出风口,并且使其与墙体围合成唯一的封闭空间。本案例以单个建筑体块为例,分别在建筑南北立面设置一个进风口和一个出风口,如图 5.6-17 所示。

　　第一步,将 Rhino 中建立的建筑墙体、进风口、出风口分别连接到 Butterfly_Create

Butterfly Geometry 运算器的_geo 输入端,将其转化为 BF 几何物体,此时,除了设置建筑的墙体边界(wall boundary)属性外,还要设置进风口边界(inlet boundary)和出风口边界(outlet boundary)属性,如图 5.6-18 所示。

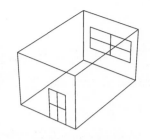

图 5.6-17 进风口与出风口设置

第二步,将这些 BF 几何物体接入 Butterfly_Create Case from Geometries 运算器的_BF_geo 输入端,这样 BF 案例就创建了,如图 5.6-19 所示。

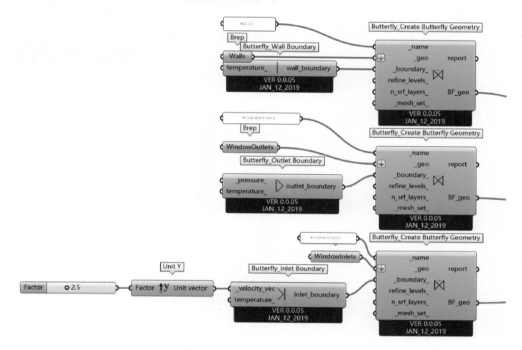

图 5.6-18 生成 BF 几何物体

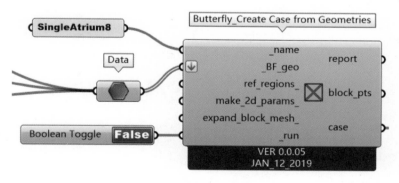

图 5.6-19 创建 BF 案例

接下来的步骤与室外通风模拟案例一致,网络划分如图 5.6-20 所示,风速模拟结果可视化如图 5.6-21 所示。

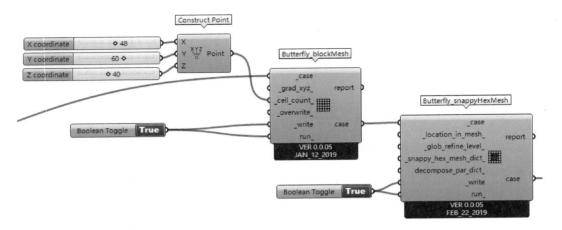

图 5.6-20　网格划分

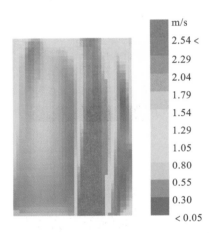

图 5.6-21　风速模拟结果可视化

第6章　参数化建筑性能优化与数据处理

遗传算法是一种通过模拟自然进化过程来搜索最优解的算法,该算法通过数学的方式,利用计算机仿真运算,将问题的求解过程转换成类似生物进化中的基因交叉、变异等过程。在求解较为复杂的组合优化问题时,相对常规的优化算法,遗传算法通常能够较快地获得较好的优化结果。

在建筑领域内,遗传算法可用于基于生态性能优化或结构性能优化等方面的生成式设计研究,近年来逐渐兴起。以太阳辐射为例,人们希望房屋在夏季得到较少的太阳辐射而在冬季得到较多的太阳辐射,采用遗传算法进行单目标优化或者多目标优化是适用的。

本章将介绍 Galapagos 单目标优化工具和 Wallacei、Octopus 这两款常用的基于遗传算法的多目标优化工具,以及 Design Explorer 数据处理与可视化工具,并通过案例演示它们的使用方法。

6.1　Galapagos 单目标优化工具

扫码观看
配套视频

6.1.1　背景介绍

Galapagos 是内置于 Grasshopper 的一个单目标极值优化求解工具,位于参数(Params)标签的其他(Util)面板中,其全称为 Galapagos Evolutionary Solver 运算器,简称为 Galapagos 运算器。Galapagos 运算器的主要功能是根据遗传算法或者退火算法,利用初代随机参数,经过筛选、交叉和突变,得出接近优化目标的结果。

作为一个单目标极值优化求解工具,Galapagos 运算器往往只能逼近设定的优化目标而不能找出确定的最优解。正如其开发者 David Rutten 所言:Galapagos 运算器是一个相当简单的工具,其适用于求解小型优化问题而非复杂大型优化问题,对于该工具,仍需要进行大量的改进工作才能使其更为强大。[①]

6.1.2　运算器介绍

Galapagos 运算器如图 6.1-1 所示。其输入端为 Genome,意为基因,用于输入设计变量。其输出端为 Fitness,意为适应度,用于输出数值优化的结果。

双击 Galapagos 运算器,可打开参数设置,它包括三个选项卡如图 6.1-2~图 6.1-4 所示。

图 6.1-1　Galapagos 运算器

---

① https://ieatbugsforbreakfast.wordpress.com/2011/03/04/epatps01/#more-1.

（1）如图 6.1-2 所示，点击 Options 选项卡，可进行参数设置。

其中，Generic 为基础设置，Evolutionary Solver 为遗传算法的相关设置，Annealing Solver 为退火算法的相关设置。

①Fitness：有最小值优化（Minimize）和最大值优化（Maximize）两个选项。

②Runtime Limit：用于设定优化求解的限制时长，如果求解时间达到这一时长即会终止求解，避免求解时间过长。

③Max. Stagnant：最大的求解迭代次数。在遗传算法的相关设置中，主要由迭代次数和种群大小决定运算量。一般来讲，迭代次数越多，计算结果越准确，但计算时间也会越长。

④Population：种群大小，即每一代种群由多少个样本组成。每一代种群包含的样本越多，计算结果越准确，但计算时间也会越长。

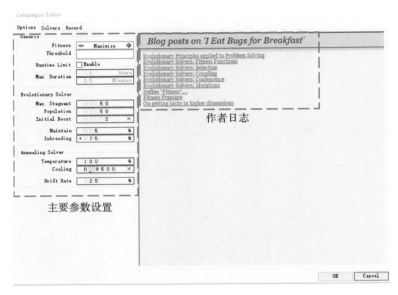

图 6.1-2 Galapagos 运算器参数设置

（2）如图 6.1-3 所示，点击 Solvers 选项卡，可看到运算器求解过程。

①上方为求解过程展示区。可选择遗传算法或退火算法进行求解。

②左下方为求解参数的可视化展示区。

③右下方为优化解的可视化展示区。选中其中一个优化解，再点击"Reinstate"按钮，则显示该优化解所对应的参数，同时 Rhino 中会显示该优化解所对应的模型。

（3）如图 6.1-4 所示，点击 Record 选项卡，可看到优化求解相关的数据记录。如果想导出这些数据，可借助 Grasshopper 的运算器，如 TT Toolbox 中的 Galapagos Listener 运算器[①]。

---

① https://www.food4rhino.com/app/tt-toolbox.

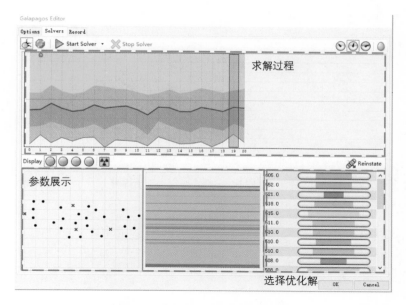

图 6.1-3　Galapagos 运算器求解过程

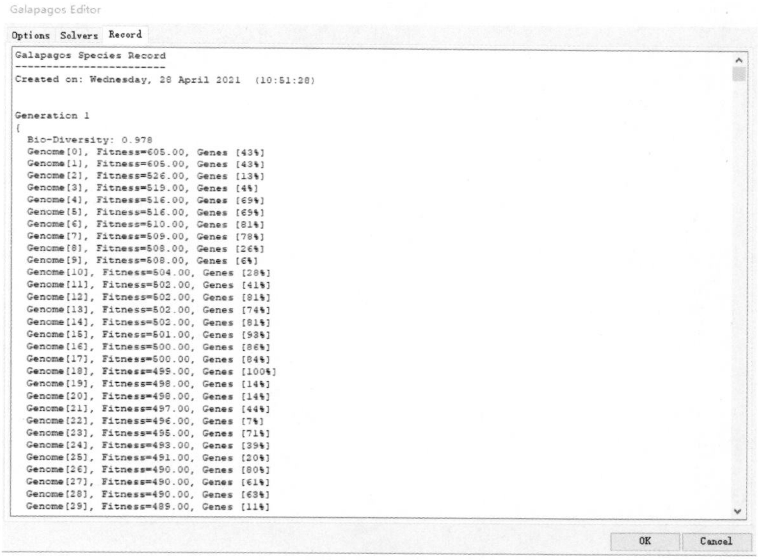

图 6.1-4　Galapagos 运算器数据记录

6.1.3　案例演示

本案例设定一组形态相同的建筑来构成街区,在街区中心划定一定大小的空地。在空地上拟新建一栋建筑,优化目标设定为拟新建建筑在冬至日的日照时数最大化。在本案例中,所有的建筑形态一致,设计变量为拟新建建筑的位置。

(1)街区模型和建筑形态设定。

基于 Rhino 和 Grasshopper 建立街区模型,定位于南京市。如图 6.1-5 所示,在 3×3

的建筑群中间有一块空地,拟新建一栋建筑。拟新建建筑的位置是可变的,如图 6.1-6
所示。

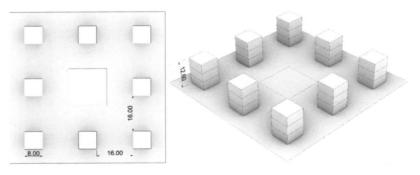

图 6.1-5　街区模型(单位:m)

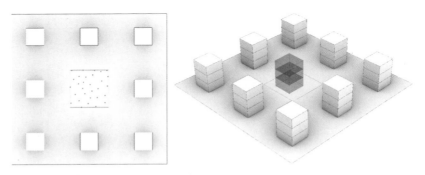

图 6.1-6　拟新建建筑

(2)日照模拟设定。

从 EnergyPlus 官网获取南京市的气象数据文件,导入 Ladybug Tools(1.2.0 版本)。
日照模拟时间为冬至日(12 月 21 日),日照模拟结果如图 6.1-7 所示。

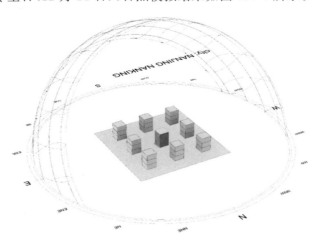

图 6.1-7　日照模拟结果

（3）Galapagos 运算器优化设定。

本案例的设计变量为拟新建建筑的位置,优化目标为拟新建建筑的日照时数最大化。对于单目标优化而言,Galapagos 运算器是适用的。将 Galapagos 运算器与相关运算器连接并开启运算,参数设定及求解过程如图 6.1-8 所示。

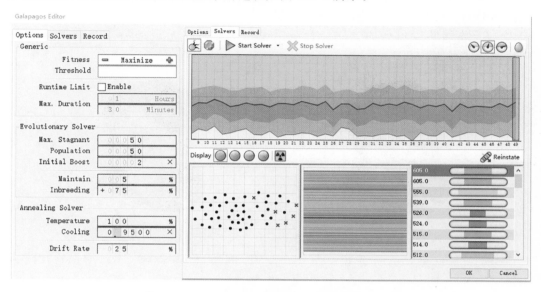

图 6.1-8　Galapagos 运算器参数设定及求解过程

求解过程耗时约 5 分钟,优化解的可视化展示区排在最上面的数值不再变化时,表明已经找到最优解。排名前三的优化解所对应的建筑位置如图 6.1-9 所示,从图中可以看出,拟新建建筑位于空地西北侧更符合日照时数最大化的优化目标。

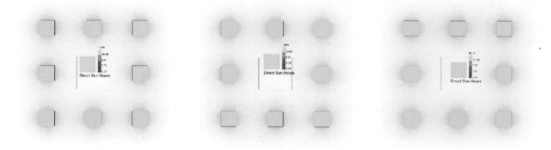

图 6.1-9　排名前三的优化解所对应的建筑位置

6.2　Wallacei 多目标优化工具

6.2.1　原理与概念介绍

Wallacei(包括 Wallacei Analytics 和 Wallacei X)是基于遗传算法的多目标优化工具。用户可通过使用其附带的一系列分析工具以及包括算法聚类在内的各种选择方法,在

Grasshopper 中进行模拟及优化，并且实时地了解优化过程。Wallacei 为用户提供了集成多种功能的优化后处理分析模块，包括从种群中选择方案、重建和输出多种图表类型等。

　　Wallacei 开发团队主要由 Mohammed Makki、Milad Showkatbakhsh 和 Yutao Song 三位人员组成。Wallacei 的名字来源于 Alfred Russell Wallace，他是一位几乎与达尔文同时提出进化论的人物，由于历史上的种种原因，当今人们更加熟悉达尔文的名字，所以 Wallacei 开发团队以命名的方式纪念这位进化论方面的先驱。Wallace 侧身头像与 Wallacei 图标如图 6.2-1 所示。

图 6.2-1　Wallace 侧身头像与 Wallacei 图标

　　目前，Wallacei 最新的版本为 Wallacei V2.65，适配 Rhino6。Wallacei 的官网为 https://www.wallacei.com/；下载地址为 https://www.food4rhino.com/app/wallacei。

6.2.2　运算器介绍

　　（1）Wallacei X 运算器。

　　Wallacei X 运算器是进行多目标优化求解的运算器，如图 6.2-2 所示。其输入端主要包括可变参数（Genes）、优化目标（Objectives）、数据（Data）等，输出端主要包括各代基因数据（WGenomes）、方案适应度（Fitness Values）等，如图 6.2-3 所示。

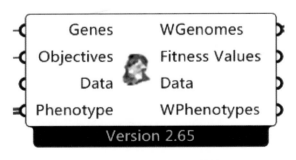

图 6.2-2　Wallacei X 运算器

　　双击 Wallacei X 运算器可以打开参数设置和分析窗口，其中前三个选项卡为主要操作选项卡，后两个选项卡为说明选项卡。

　　①如图 6.2-4 所示，第一个选项卡为 Wallacei Settings，用于设置遗传算法的相关参数。

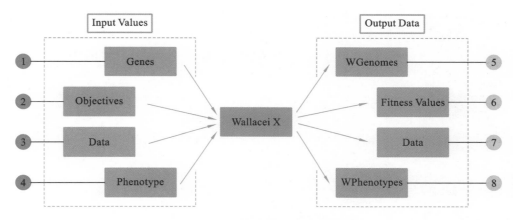

图 6.2-3　Wallacei X 运算器输入端和输出端

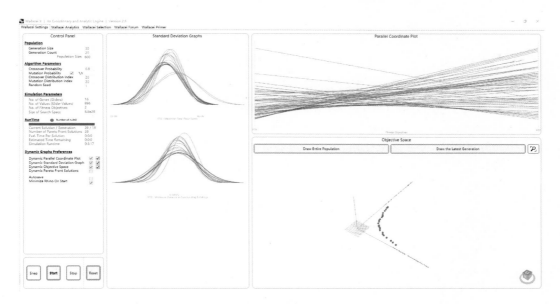

图 6.2-4　Wallacei Settings

其左下角的 Snap 表示截屏当前视窗,Start 表示开启模拟,Stop 表示中断模拟,Reset 表示重置所有参数。

Wallacei Settings 的主要参数说明如下。

Population:Generation Size 表示每一代种群的规模,Generation Count 表示拟模拟种群的代数,需要用户自行设置。

Algorithm Parameters:关于遗传算法中交叉率、变异率等参数的设置,建议保持默认值。

Simulation Parameters:基因、每个基因内的数值总量、优化目标以及总搜索空间。

Run Time:当前优化进程、估计总时长以及剩余时长。

Dynamic Graphs Preferences:建议保持默认设置。

②如图 6.2-5 所示,第二个选项卡为 Wallacei Analytics,主要用于生成分析图。主要分析图如下。

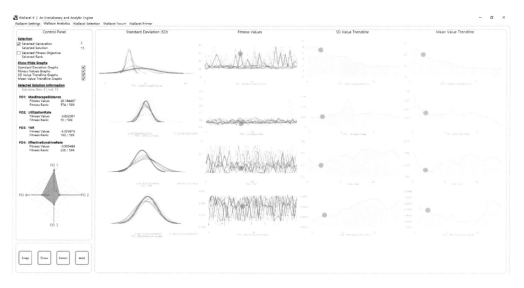

图 6.2-5　Wallacei Analytics

Standard Deviation：绘制所有解决方案的标准偏差图。红色线条表示比较初始的解，紫色线条表示比较靠后（更接近最终优化结果）的解。直观来看，钟形图像越细、越矮，则标准差越小、优化结果越好；或者说钟形图像围合的面积越小，则优化结果越好。

Diamond：用于可视化所选解决方案的适应度，绘制所选解决方案的适应度菱形图（雷达图）。菱形图上的每个轴代表每个适应度目标，轴上的点越靠近菱形图的中心，则解决方案越适合。

Mean Value Trendline：绘制优化过程中所有代种群的均值趋势线，分别为每个适应度目标每代种群的平均适应度值折线图（从左到右为第一代种群至最后一代种群）。

Standard Deviation Value Trendline：绘制优化过程中所有代种群的标准偏差趋势线，分别为每个适应度目标每代种群的标准偏差值折线图（从左到右为第一代种群到最后一代种群）。

Fitness Values：绘制所有解决方案的适应度值图，分别为每个适应度目标的所有解决方案的适应度值图。数值越小，则优化结果越好。

③如图 6.2-6 所示，第三个选项卡为 Wallacei Selection，主要用于优化结果数据的选择与导出。

该选项卡可以输出每代种群优化过程中的非支配解集与对应设计参量值，以及绘制 Parallel Coordinate Plot（PCP）图，选项卡右下方为各个优化结果的分布情况。

（2）Wallacei Analytics 运算器组。

如图 6.2-7 所示，Wallacei Analytics 运算器组包括一系列运算器，用于分析遗传算法模拟输出的结果。其主要作用是通过数据分析和图表呈现，为用户清晰展示优化结果，每个运算器都有在显示输出结果方面的独特作用（图 6.2-8 和图 6.2-9）。与 Wallacei X 运算器不同，Wallacei Analytics 运算器组是可以独立于遗传算法使用的工具。该系列运算器的连接方式与输出方法在 Wallacei 官方网站及官方手册（www. wallacei. com/learn）中有具体说明及教程，本书不再赘述。

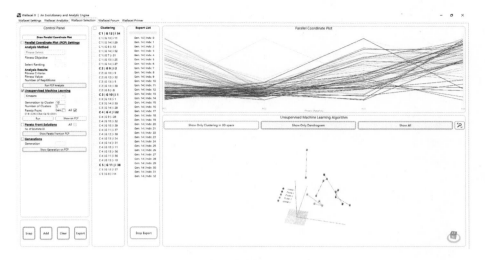

图 6.2-6　Wallacei Selection

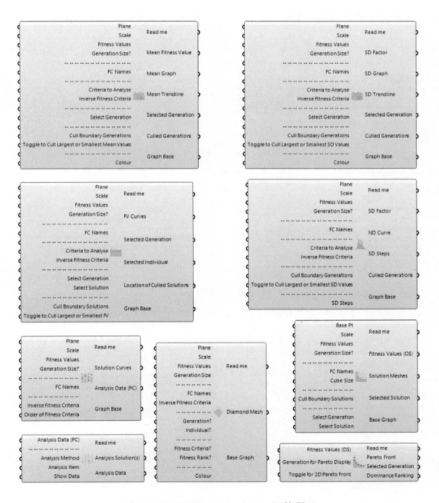

图 6.2-7　Wallacei Analytics 运算器组

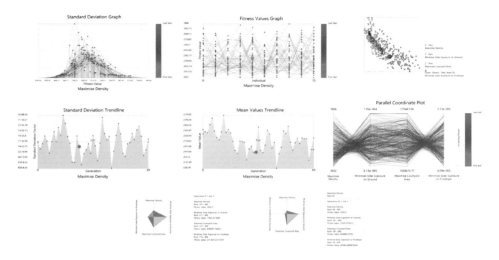

图 6.2-8　Wallacei Analytics 运算器组输出结果示例(1)

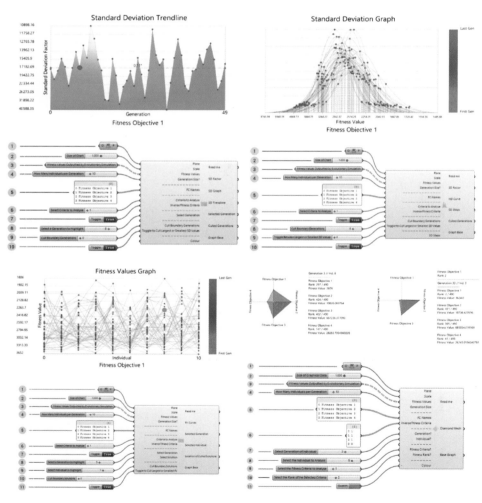

图 6.2-9　Wallacei Analytics 运算器组输出结果示例(2)

6.2.3 案例演示

以下使用 Wallacei 官方网站提供的案例进行演示。

（1）可变参数与优化目标设定。

基于 Rhino 和 Grasshopper 建立三维模型并进行辐射模拟，如图 6.2-10 所示。设定可变参数与优化目标，其中可变参数主要设定为目标建筑的底边形态、建筑高度等参数，优化目标设定为：

①目标建筑的建筑面积最大化；

②目标建筑在夏至日接收到的太阳辐射最小化；

③周边建筑与目标建筑的距离之和最小化。

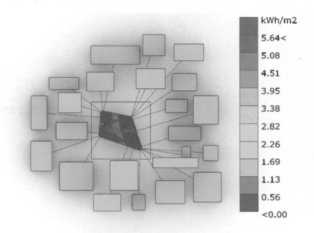

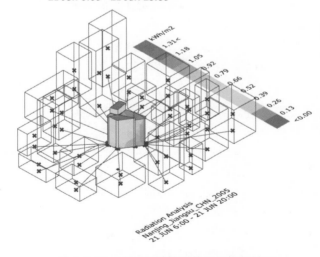

图 6.2-10　建立三维模型并进行辐射模拟

将构建好的三维模型连入 Wallacei X 运算器，如图 6.2-11 所示。其中 Genes 输入端连接 Gene Pool 运算器，用于提供可变参数，注意设置可变参数的步长及变化范围。在三维模型连接 Objectives(优化目标)输入端时,宜插入数字滑块并加前缀"wlc_",以便三维模型更好地被运算器所识别。

这里还要注意的是遗传算法默认取最小值,即将数值向变小的方向进行优化,而本案例的优化目标是将目标建筑的建筑面积最大化,因此要将原始目标值进行一定的变换,如变为倒数或变为绝对值相等的负数。

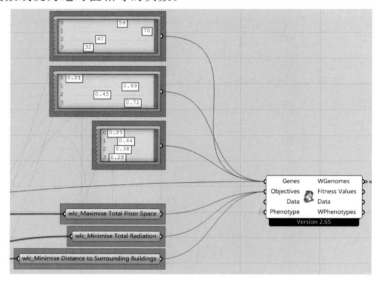

图 6.2-11　Wallacei X 运算器连接图

（2）优化参数设置。

连接完成后,双击 Wallacei X 运算器,在弹出的窗口中,通过 Wallacei Settings 选项卡中的 Control Panel 进行遗传算法相关参数的设置。本案例主要对 Population、Algorithm Parameters、Simulation Parameters 参数进行设置,如图 6.2-12 所示。

（3）优化结果输出。

完成优化求解过程后,点击 Wallacei Analytics 选项卡,选取要分析的项目并设置相关优化代数后,点击左下角的"Draw"按钮,选项卡右侧会生成一组分析图,如图 6.2-13 所示。

回到 Grasshopper 中,将周边建筑和目标建筑通过合并(Merge)运算器整合到一起,并连接到 Wallacei X 运算器的 Phenotype 输入端,如图 6.2-14 所示。

在 Wallacei Selection 选项卡中,勾选 Pareto Front Solutions,点击"Add"按钮,可看到一些结果进入候选列表,再点击"Export"按钮。

回到 Grasshopper 中,如图 6.2-15 所示,通过 Decode Phenotype 运算器将所有优化解转换为建筑模型,再进一步通过 Explode Tree 运算器得到每个优化解对应的建筑模型。Explode Tree 运算器显示的数据结构与迭代数字是相对应的,例如{1;8;0}表示第 1代的第 8 个优化解所对应的建筑模型。

如果想查看每个优化解所对应的参数及优化目标值,可通过 Decode Genomes 运算器将相关参数导出,如图 6.2-16 所示。

如果想将所有的优化解所对应的建筑模型在 Rhino 中排列出来,可以通过

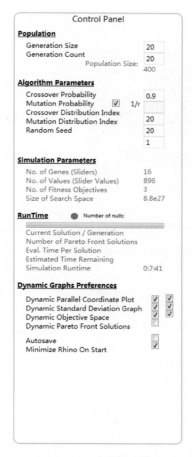

图 6.2-12　优化参数设置

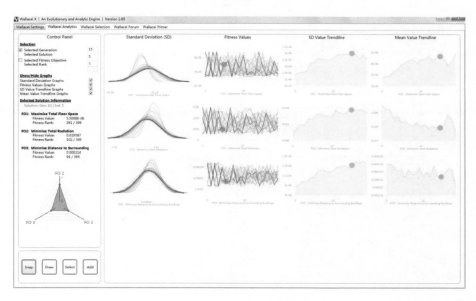

图 6.2-13　分析图

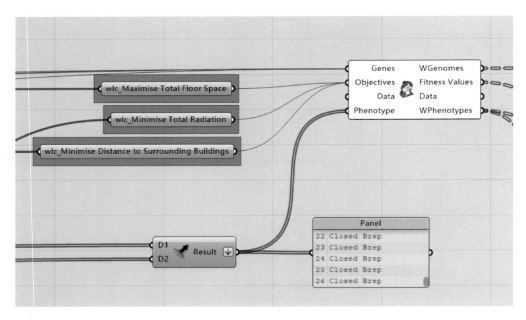

图 6.2-14　连接 Phenotype 输入端

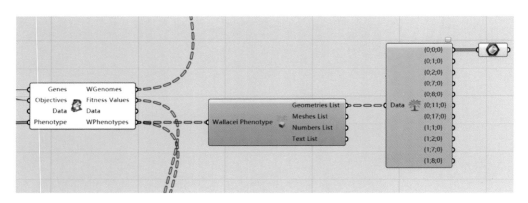

图 6.2-15　将优化解转换为建筑模型

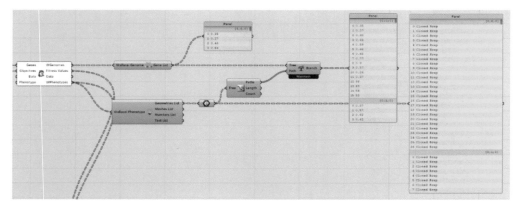

图 6.2-16　查看每个优化解所对应的参数及优化目标值

Distribute to Grid 运算器完成,如图 6.2-17 所示。

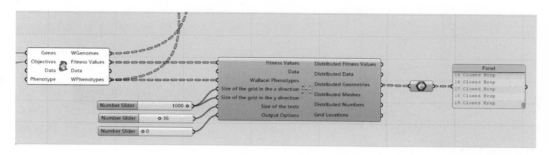

图 6.2-17　Distribute to Grid 运算器连接图

排列效果如图 6.2-18 所示。

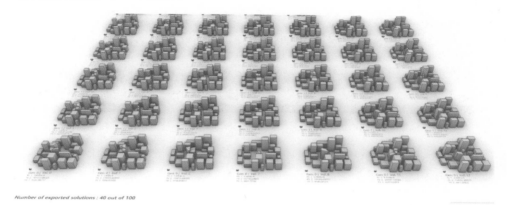

图 6.2-18　排列效果

6.3　Octopus 多目标优化工具

6.3.1　原理与概念介绍

Octopus 是基于 Grasshopper 平台的多目标优化工具,由奥地利维也纳应用艺术大学和德国 Bollinger+Grohmann 工程事务所开发,结合帕累托(Pareto)最优原理与遗传算法,具有可自定义目标的方案生成及搜索功能,针对多目标优化问题,提供了自定义优化参数选项,同时有丰富的交互操作手段以及较为方便的数据输出功能[①]。Octopus 官方示例如图 6.3-1 所示。

最新的 0.4 版本 Octopus 加入了一些机器学习相关的内容,现在的 Octopus 已经不仅仅是一个多目标优化工具了,而是分为五大部分:①进化学习算法组件;②优化算法详细组件;③循环组件;④Octopus 运算器;⑤ANN 和 SVM 学习组件。

---

① 张少飞.基于 Galapagos 和 Octopus 的自然采光优化设计方法论证:以机构养老建筑居室侧向采光口为例 [D].天津:天津大学,2017.

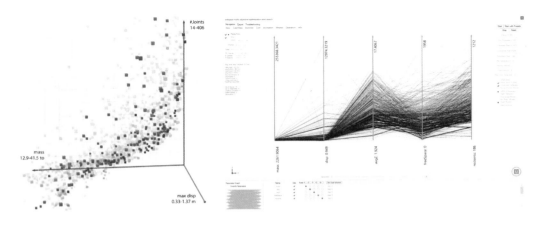

图 6.3-1　Octopus 官方示例

Octopus 菜单栏如图 6.3-2 所示。

图 6.3-2　Octopus 菜单栏

6.3.2　运算器介绍

Octopus 用于多目标优化的运算器为 Octopus 运算器,如图 6.3-3 所示。

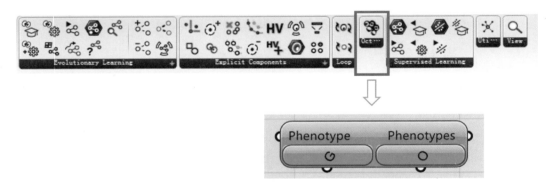

图 6.3-3　Octopus 运算器

Octopus 运算器的 G 输入端连接设计参量(即自变量),O 输入端连接优化目标,Phenotypes 输出端生成优化结果。如图 6.3-4 所示,将设计参量连接到 Octopus 运算器的 G 输入端,优化目标连接到 Octopus 运算器的 O 输入端,即可完成设计参量和优化目标的输入。

Octopus 运算器的 G 输入端和 O 输入端连接完毕后,双击该运算器可进入 Octopus 交互界面,如图 6.3-5 所示。

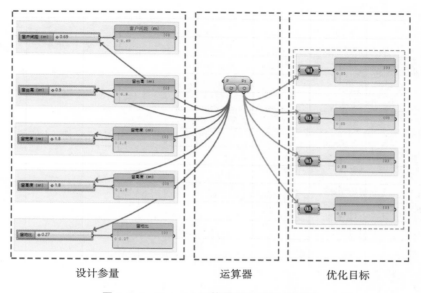

图 6.3-4 Octopus 运算器输入端连接示意

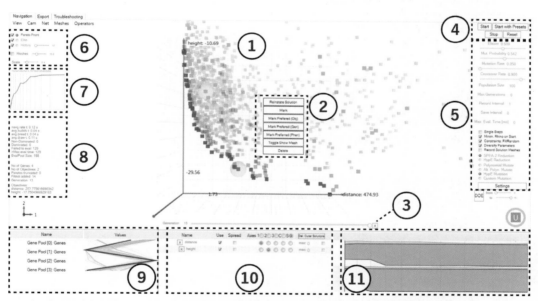

注：①求解结果可视化窗口；②上下文菜单；③历史记录滑块；④求解过程设置；⑤算法设置；⑥显示设置；⑦超体积图；⑧求解过程中的数据；⑨遗传距离图；⑩优化目标的名称列表；⑪收敛图。

图 6.3-5 Octopus 交互界面

Octopus 交互界面的主要内容和功能说明如下。[来源于 Octopus 官方手册（http://www.food4rhino.com/app/octopus）以及相关论文[1,2]]

① 吴杰. 基于参数化方法的城市住区热环境多目标优化设计研究[D]. 广州：华南理工大学，2017.

② 李彤. Octopus 智能优化插件的介绍及其应用：Grasshopper 平台上的一款多目标优化软件[J]. 城市建筑，2016(6)：373-374.

①求解结果可视化窗口。

该窗口用于对解空间的可视化。不透明的立方体表示非支配的帕累托优化解,半透明的立方体表示属于精英解的支配解。半透明的黄色立方体是前几代的最佳解决方案,越透明,则代数越小。

②上下文菜单。

鼠标左键点击求解结果,弹出上下文菜单。其主要功能如下。

Reinstate Solution:恢复参数并重新计算。

Mark:标记求解结果,并使其保持活动状态和可见状态,直到取消标记为止;同时在遗传距离图(⑨)中添加一条黄色的折线。

Mark Prefered(Obj):在目标值空间区域添加用户偏好,以设定优先级。两组完全不同的参数的求解结果可能产生相似的目标值,因此须设定一个优先级。

Mark Prefered(Gen):引入一个附加的目标值。

Toggle Show Mesh:切换求解结果的立方体视图和网格视图。

Delete:删除求解结果。

③历史记录滑块。

用于查看求解过程的历史记录。使用"×"按钮可删除除上一代以外的所有历史记录。

④求解过程设置。

Start:以 2 倍 Population Size 值开始随机求解过程,或者恢复已停止的求解过程。

Start with Presets:合并 Grasshopper 中当前使用的 Slider-Setup。首次开始求解时,通过使用当前的算法设置(⑤)从当前的 Slider-Setup 中生成 2 倍 Population Size 值的解。恢复求解后,只会将符合当前算法设置的一种解添加到求解结果中。

Stop:停止求解,且停止的求解过程始终是可恢复的。

Reset:清除所有求解结果、首选项、历史记录等。

⑤算法设置。

Elitism:精英率,默认值为 0.500,表示直接复制到下一代的基因数目。该参数设置得越大,就会得到越多的局部优化解。

Mut. Probability:每个参数或基因在 Mutation Rate 下突变的概率。它影响运算收敛的速度和对解空间探索的深度,设置得过大,会导致丢失最优解且运算时间过长,而过小则会使运算过早收敛,局限于局部最优。

Mutation Rate:突变概率,指基因突变的程度。设置得越大,则突变程度越剧烈。

Crossover Rate:交叉概率,指两代解交换参数的概率。一般设置得比突变概率大,默认值为 0.8。

Population Size:种群大小,即每代种群样本的数量。每代求解都进行 2 倍 Population Size 值的运算,因此其具体设定数值要根据所研究问题的复杂程度确定,设置得过大会导致运算时间过长。

Max Generations:遗传算法的终止运算代数。默认为 0,表示一直运算直至手动停止。

Record Interval:存储历史记录的时间间隔。可使用默认值。

Save Interval:存储 Grasshopper 文件的时间间隔。其作用是防止 Rhino 在计算过程中崩溃而丢失数据,可使用默认值。

Minim. Rhino on Start:运算时最小化 Rhino 和 Grasshopper 窗口。其作用是提高运算速度。

Constraints:FillRandom:随机填充(是只有在将 Octopus 目标值连接到布尔组件来指定硬约束时才有意义的设置)。启用随机填充后,运算将停留在第一代,直到找到足够的有效随机解来填充第一代为止(最多 2 倍 Population Size 值)。

Diversify Parameters:引入一个额外目标维度,该维度支持在参数配置(基因空间)方面与其他解截然不同的解。

Record Solution Meshes:存储网格来记录历史解。会导致增加内存使用量,默认只存储最后一代解的相关网格。

其他选项为不同的算法选择设置。

⑥显示设置。

Pareto Front,Elite,History:选择要显示的数据和代数。

Meshes:可以插入 Octopus 的可选解的网格,一般无须调整。

Scale:控制显示解的立方体的比例。

⑦超体积图。

求解结果传播分析图,在最新版 Octopus 中已经取消。

⑧求解过程中的数据。

显示求解过程中的数据。

⑨遗传距离图。

每行代表一个参数,折线的顶点代表该参数的值。求解结果可视化窗口中显示的每个解在遗传距离图中都有一条折线,可以表明运算的收敛性。

⑩优化目标的名称列表。

显示优化目标的名称以及它们在 Grasshopper 中输入 Octopus 的顺序。

⑪收敛图。

每个优化目标对应一个收敛图。

6.3.3　案例演示

为了便于理解和比较,本节选取 6.2.3 节的案例进行 Octopus 多目标优化的演示。

(1)设计参量与优化目标设置。

将构建好的三维模型连入 Octopus 运算器,如图 6.3-6 所示。其中 G 输入端连接设计参量(由 Gene Pool 运算器输入),O 输入端连接优化目标。这里同样要注意的是遗传算法默认取最小值,即将数值向变小的方向进行优化,因此要将原始目标值进行一定的变换,如变为倒数或变为绝对值相等的负数。

(2)优化参数设置。

连接完成后,双击 Octopus 运算器,在弹出的 Octopus 交互界面中,进行遗传算法相关参数的设置,如图 6.3-7 所示。

(3)优化结果输出。

完成优化求解过程后,进入 Octopus 交互界面,可看到解空间的三维视图以及相关

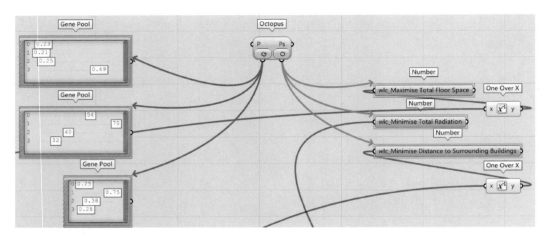

图 6.3-6　Octopus 运算器连接图

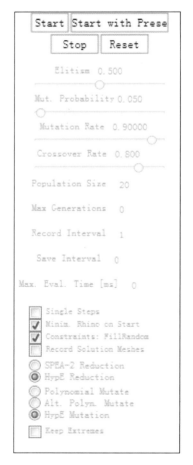

图 6.3-7　优化参数设置

分析图,如图 6.3-8 所示。此外,界面上方的菜单可用于对显示内容进行一定的调节和设置,右侧的视角控制模块可用于调整解空间的显示视角。

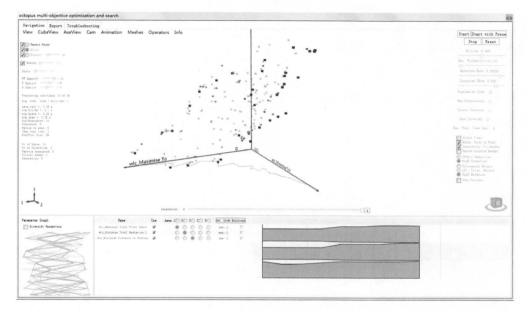

图 6.3-8　优化结果

在数据输出方面,Octopus 提供了直接输出和输出为 text 文件两种方式。如图6.3-9所示,点击 Export 选项卡,选择要输出的数据(优化解、全部数据等)和代数,即可输出逐代解集的设计参量和优化目标值。要注意的是,输出的设计参量为百分比形式,须进行换算。

图 6.3-9　数据输出

6.4　Design Explorer 数据处理与可视化工具

6.4.1　原理与概念介绍

Design Explorer 是由 Thornton Tomasetti 公司开发的开源工具,能够处理和可视化大量数据,并以平行坐标图等图示方式展现多目标解决方案,从而提供独特且直观有效的大数据分析手段,如图 6.4-1 所示。

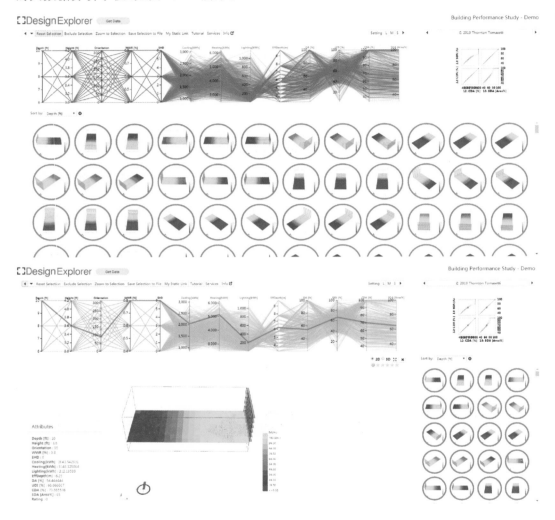

图 6.4-1　Design Explorer 界面(来源于 http://tt-acm.github.io/DesignExplorer/)

该工具基于 Web 网页提供共享的建筑性能分析信息数据,使设计人员能够探索在高维解空间中的设计方案。

例如,设计人员可以通过平行坐标图从海量方案中筛选,找到满足诸如"最大限度地利用日光并最大限度地减少太阳辐射"之类的条件的方案。

6.4.2 运算器介绍

Design Explorer 包括 5 个运算器,集成在 TT-box 的 Colibri(蜂鸟)运算器组中,如图 6.4-2 所示。本节对 Colibri(蜂鸟)运算器组进行介绍,部分资料来源于 Design Explorer 的官方网站(https://www.mpendesign.com/design-explorer)。

(1)Colibri Iterator(迭代器)运算器。

Colibri Iterator 运算器如图 6.4-3 所示,点击其下方的"Fly"按钮即可开始运算。Colibri Iterator 运算器从滑块、面板或值列表集合中进行设计方案的迭代。如图 6.4-4 所示,使用时在 Input[N]输入端输入设计参量,运算器下方会显示数据总量。须注意的是,在 Design Explorer 中运算的数据总量最多约为 5000 组,超过 5000 组可能导致 Design Explorer 崩溃。

图 6.4-2　Colibri(蜂鸟)运算器组

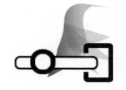

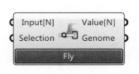

图 6.4-3　Colibri Iterator 运算器

(2)Colibri Parameters(参数)运算器。

Colibri Parameters 运算器如图 6.4-5 所示,它用于收集在 Design Explorer 中展示的优化目标并绘制分析图,优化目标会组成平行坐标图右侧的轴。将输入端连接优化目标后,运算器下方会显示各项目标的当前数值,如图 6.4-6 所示。

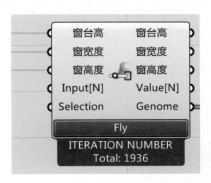

图 6.4-4　Colibri Iterator 运算器数据输入

图 6.4-5　Colibri Parameters 运算器

(3)Image Setting(图像设置)运算器。

如图 6.4-7 和图 6.4-8 所示,Image Setting 运算器用于设置生成的图像。通过 SaveAs 输入端可以指定图像存储位置;Views 输入端可以指定要捕获 Rhino 的哪一个视口的图像;Width 输入端、Height 输入端可以设置生成图像的分辨率。

(4)Colibri Aggregator(聚合器)运算器。

如图 6.4-9 所示,Colibri Aggregator 运算器可以将设计参量、生成的图像和 3D 模型聚合并存储为 Design Explorer 可以读取的 CSV 文件。

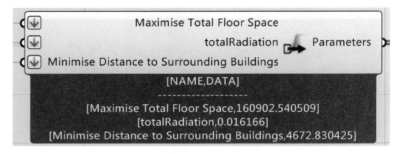

图 6.4-6　Colibri Parameters 运算器数据输入

图 6.4-7　Image Setting 运算器

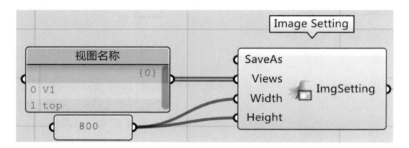

图 6.4-8　Image Setting 运算器连接示例

图 6.4-9　Colibri Aggregator 运算器

(5)Colibri Selection(选集)运算器。

如图 6.4-10 和图 6.4-11 所示,Colibri Selection 运算器主要用于分块运算,可与 Colibri Iterator 运算器组合使用。Colibri Selection 运算器通过 Divisions 输入端定义间隔,可以将全部的数据进行分块,从而在不同的计算机中进行运算。

图 6.4-10　Colibri Selection 运算器

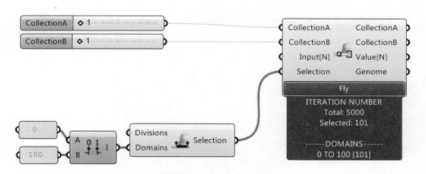

图 6.4-11　Colibri Selection 运算器连接示例（来源于 https://www.mpendesign.com/design-explorer）

6.4.3　案例演示

本节同样以 6.2.3 节的案例演示 Design Explorer 的数据处理与可视化流程。

首先将各运算器与设计参量、优化目标进行连接，如图 6.4-12 所示。

其中，Colibri Iterator 运算器输入端连接设计参量，设计参量可以由多目标优化工具导出，也可以自定义。Colibri Parameters 运算器输入端连接优化目标，输出端连接 Colibri Aggregator 运算器的 Phenome 输入端。Image Setting 运算器输入端连接需要导出的视图名称等，输出端连接 Colibri Aggregator 运算器的 ImgSetting 输入端。Colibri Aggregator 运算器的 3DObjects 输入端连接需要输出的模型，可自定义输出模型的颜色。Toggle 运算器连接 Colibri Aggregator 运算器的 Write? 输入端，以控制文件的写入。

建筑性能模拟图示如图 6.4-13 所示。

各运算器连接完毕后，在正式运算之前可以右键单击 Colibri Iterator 运算器，在右键菜单中选择"fly test"，这时会随机运行 3 组设计参量，以便用户检测图像和模型的输出设置是否正确。在确认无误后，点击 Colibri Iterator 运算器下方的"Fly"按钮即可进行运算。

运算结果默认保存在"C:\Colibri"目录下。运算结果共有 3 种文件类型，其中 CSV 文件存储所有设计参量及优化目标值，JSON 文件存储不同方案的模型，PNG 文件存储不同方案的截图。

本案例共输入 400 组数据，得到 400 个方案每个方案包括 1 个 JSON 文件和 2 个 PNG 文件，如图 6.4-14 所示。

运算完成后，将运算结果文件夹上传至网络并设置为共享链接，然后打开 Design Explorer 官方网站，点击"获取数据"并输入链接地址，即可在线浏览运算结果。Design Explorer 页面如图 6.4-15 所示。

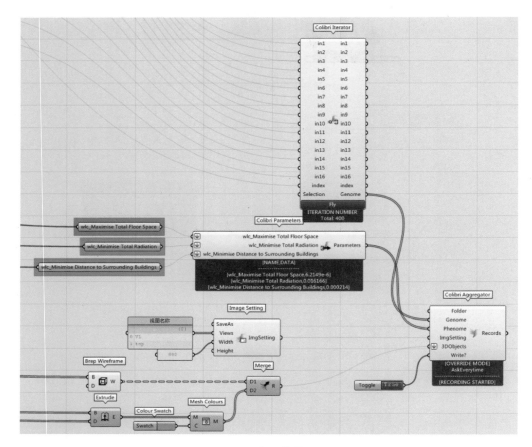

图 6.4-12　各运算器连接图

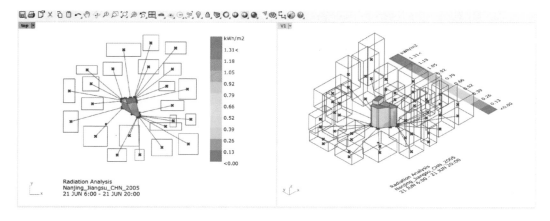

图 6.4-13　建筑性能模拟图示

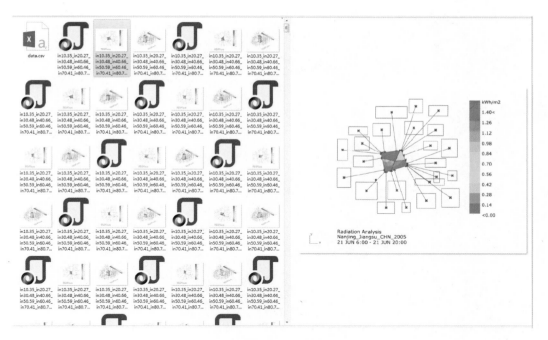

图 6.4-14　运算结果

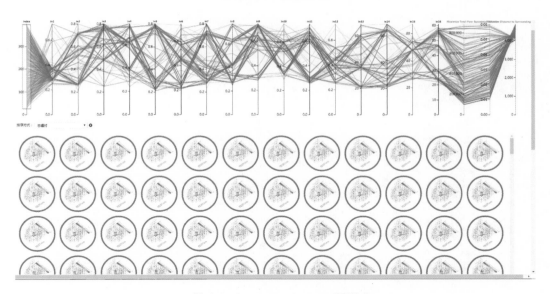

图 6.4-15　Design Explorer 页面

　　其中,上方的平行坐标图表示各设计参量与优化目标的关系;下方的每个圆圈都代表一个方案,点击圆圈可进入该方案的详细信息页面,如图 6.4-16 所示。

　　用户可以根据项目需求,在平行坐标图上设置设计参量和优化目标的取值范围,对方案进行筛选。如图 6.4-17 所示,经过筛选后,从 400 个方案中选出了 11 个方案。

　　另外,在方案详细信息页面,可以通过点击右下方的圆圈切换方案显示效果,如图 6.4-18～图 6.4-20 所示。

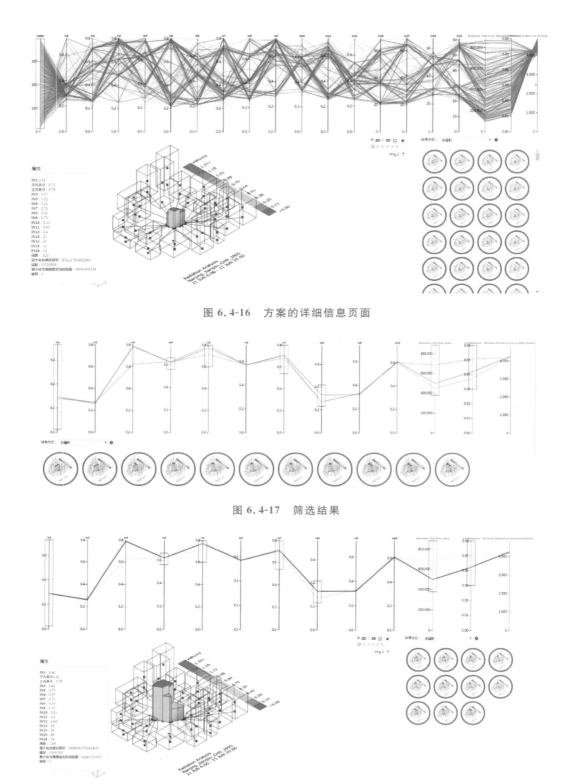

图 6.4-16　方案的详细信息页面

图 6.4-17　筛选结果

图 6.4-18　显示效果(1)

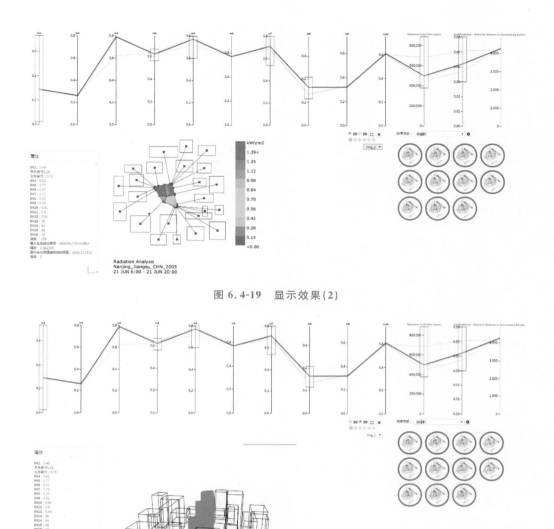

图 6.4-19　显示效果(2)

图 6.4-20　显示效果(3)

PART C　参数化建筑设计案例解读

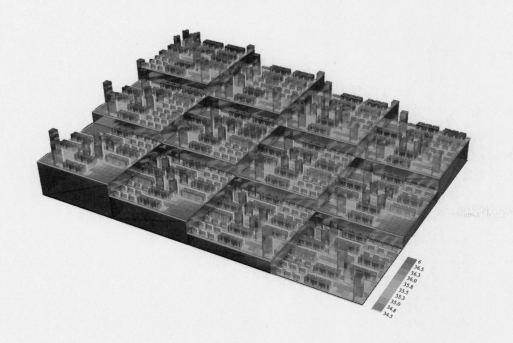

第7章 参数化建筑设计案例解读

7.1 基于风环境优化的街区尺度建筑布局研究——以湿热地区为例

7.1.1 引言

扫码观看
配套视频

本研究利用数值模拟湿热地区的街区在不同建筑布局下的风环境,以期通过遗传算法获取建筑形态最优组合,推动气候适应性城市规划的发展。

本研究基于 Grasshopper 搭建集参数化建模、生态性能分析、设计方案优化于一体的研究平台,以广州市天河区的四种建筑形态和三种街道宽度为研究对象,选取典型的湿热天气条件,利用 Butterfly 和 Ladybug 模拟街区风热环境,通过 Galapagos 的遗传算法进行建筑布局的自动优化。结果表明选择合适的建筑形态有利于提升土地利用效率与优化微气候环境;建筑平面布局宜形成完整、连续且顺应主导风向的室外开敞空间;建筑高度布局宜采用盛行风向下、前低后高且过渡均匀的布局;规划前期宜先明确场地整体的最优布局,再落实街区规划控制指标,以获得城市整体微气候性能的近似最优解。

7.1.2 概述

城市作为人类生活的最主要场所之一,是人类工作、居住、游憩和交通的载体。伴随着全球经济的高速发展,各地的城市化进程普遍呈现出加快的迹象,原生的自然环境被现代的城市空间所取代,新的城市微气候环境日渐形成。城市化固然能给人们的日常生活带来便利,但在传统设计方法下,城市规划的滞后性与建设的无序性使得当下的城市发展失衡,可能会透支城市资源,降低城市宜居性,制约城市可持续发展。

在这种背景下,通过计算机模拟技术进行气候适应性的城市规划的需求日渐迫切。CFD、PHEONICS、Ecotect、WinAir、ENVI-met 等软件被广泛地应用在城市微气候研究中,但它们与其他软件的数据衔接不便而无法对形态有动态变化的建筑模型进行有效的模拟。因此,本研究基于 Grasshopper 搭建集参数化建模、生态性能分析、设计方案优化于一体的研究平台,探究城市空间建筑形态对微气候的影响,打破传统设计方法的限制,提高城市规划与设计的效率。

本研究以湿热地区城市广州市为例,提取广州市天河区的建筑形态原型,在夏季典型的高温、高湿、主导风向的天气条件下,展开基于风环境优化的街区尺度建筑布局研究。本研究的技术路线图如图 7.1-1 所示。

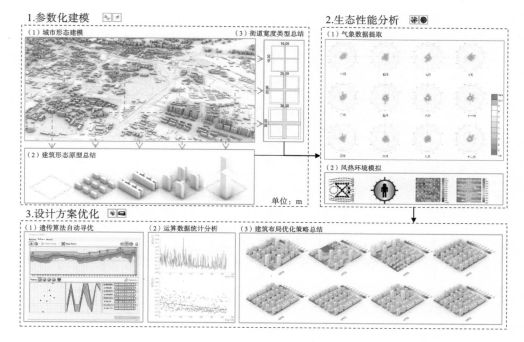

图 7.1-1　技术路线图

7.1.3　研究方法

7.1.3.1　研究区域概况

　　本案例的研究区域为广州市,其位于中国华南地区的广东省中南部($112°57'\sim114°3'$ E,$22°26'\sim23°56'$N),地处珠江三角洲北部,东连惠州市,西临佛山市,北靠清远市和韶关市,南接东莞市和中山市,与香港特别行政区、澳门特别行政区隔珠江口相望。

　　广州市地处亚热带地区,属于亚热带季风气候,全年日照时数总计约 2000 h,年平均气温为 21～22 ℃,七月平均气温约为 28.5 ℃、相对湿度约为82%,一月平均气温约为 13 ℃、相对湿度约为 80%,春季和夏季的主导风向为东南风,秋季和冬季的主导风向为偏北风,具有温暖多雨、光热充足、季风明显的气候特征。广州市天河区局部建筑三维模型图如图 7.1-2 所示,广州市天河区卫星影像、建筑类型、建筑高度图如图 7.1-3 所示。

7.1.3.2　研究数据提取

1. 建筑形态原型

　　由于气温、降水、光照等条件的差异,不同区域的城市会形成不同的建筑形态,如西方城市微气候研究曾采用基于欧洲城市形态的六种建筑形态原型[①]。本研究通过查询 OpenStreetMap、Energy Plus、百度地图、地理空间数据云等平台的数据,对广州市天河区的建筑形态特征进行总结,得出其在不同历史阶段中的标准化建筑体块,包括竹筒屋、集体宿舍、小区住宅和商业综合体四种建筑形态原型,见表 7.1-1。四种建筑形态原型的

---

　　① 昆·斯蒂摩,陈磊.可持续城市设计:议题、研究和项目[J].世界建筑,2004(8):34-39.

平面图、立面图和透视图如图 7.1-4～图 7.1-6 所示。

图 7.1-2　广州市天河区局部建筑三维模型图

图 7.1-3　广州市天河区卫星影像、建筑类型、建筑高度图

表 7.1-1　广州市天河区建筑形态原型

建筑形态原型	建 设 时 间	形 态 特 点	图 片
竹筒屋	清朝与民国时期	门面窄而小,纵深狭长,形似竹筒	
集体宿舍	新中国建国初期	由多个住宅单元拼接而成,土地利用率较高	
小区住宅	改革开放初期	平面形态像蝴蝶,采光、通风条件好	

建筑形态原型	建 设 时 间	形 态 特 点	图 片
商业综合体	社会主义新时代	外部形态方正,内部空间灵活,易于改造	

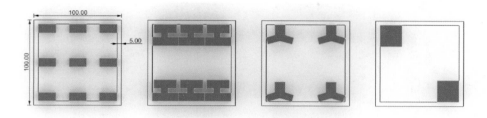

图 7.1-4　四种建筑形态原型平面图(单位:m)

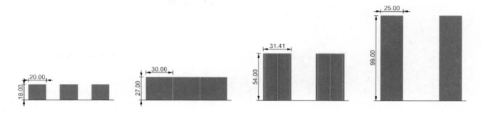

图 7.1-5　四种建筑形态原型立面图(单位:m)

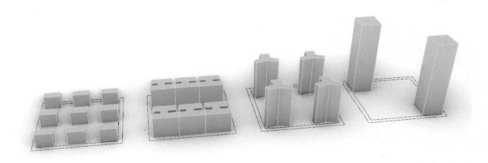

图 7.1-6　四种建筑形态原型透视图

2. 城市气象数据

本研究采用 EnergyPlus 官方网站提供的气象数据,该数据包含研究区域各时间段的太阳辐射、空气温度、相对湿度、平均风速、主要风向等。图 7.1-7 为广州市各月份的风玫瑰图及运算器连接图,可用于对研究区域特定月份的风频进行可视化表达,分析盛行风向与风速,模拟广州市夏季的高温、高湿的气候环境。

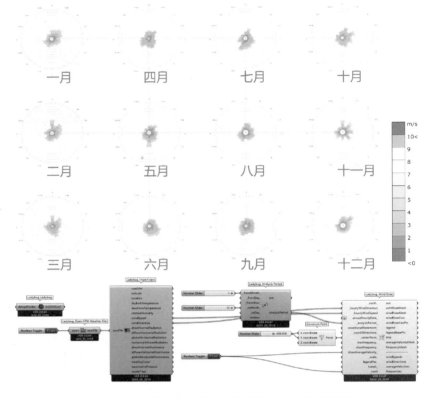

图 7.1-7 广州市各月份的风玫瑰图及运算器连接图

7.1.3.3 研究平台搭建

1.参数化建模——Rhino、Grasshopper

通过 Rhino 中内置的 Grasshopper 插件构建三维模型，实现街区模型的参数化建模与可视化表达，达到使参数与街区模型实时联动的效果。

建模时共设置两组变量，分别为街区建筑形态和街道宽度。街区建筑形态共有五种，分别为竹筒屋、集体宿舍、小区住宅、商业综合体、无建筑的开放空间；街道宽度共有三种，分别为 10 m、20 m、30 m。街区模型平面示意图如图 7.1-8 所示。

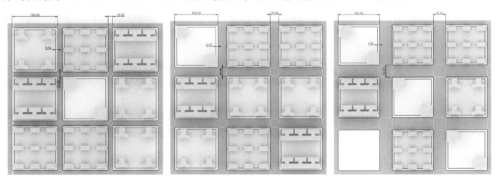

图 7.1-8 街区模型平面示意图(单位:m)

2. 生态性能分析——Butterfly、Ladybug

通过 Butterfly 与 Ladybug 模拟场地的风环境与热环境,实现场地微气候的量化分析,为设计方案的生态性能评估提供衡量指标。

其中,Butterfly 的作用是将几何物体导入 OpenFOAM,运行 CFD 对几何物体进行流体动力学仿真模拟,包括室外风环境模拟、室内通风效果模拟等;Ladybug 的作用是导入气象数据,包括研究区域特定时间段的太阳辐射、温度、湿度、风速等数据,并进行热环境模拟。

风热环境模拟都要先设定测试面及网格尺寸,以确定模拟范围,如图 7.1-9 所示。Butterfly 和 Ladybug 具有相同的测试面参数运算器,_testGeometry 输入端用于接入测试面;_gridSize 输入端用于设置测试点密度,本研究设定为 10;_distBaseSrf 输入端用于设置测试点高度,本研究设定为 1.5 m。

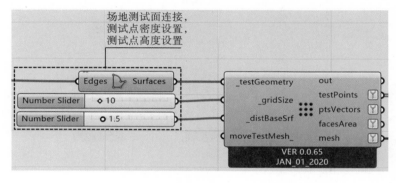

图 7.1-9　Butterfly 和 Ladybug 测试面及网格尺寸设定

Butterfly 风环境模拟运算器设定如图 7.1-10 所示。首先,将待模拟的模型分别输入对应的运算器;然后,根据研究区域气象数据设定初始风速为 2.4 m/s,连接到 _wind_speed 输入端;最后,根据风玫瑰图,将 Open FOAM 初始风向设置为南偏东 45°,连接到 _wind_direction_ 输入端,完成 Butterfly 的基础设置,开始运算。

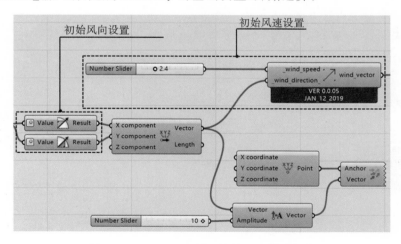

图 7.1-10　Butterfly 风环境模拟运算器设定

Ladybug 热环境模拟运算器设定如图 7.1-11 所示。首先调用 Ladybug_DOY_HOY 运算器进行模拟时间范围的设定。然后，通过 Outdoor Solar MRT 运算器的 bodyPosture_ 输入端设定人体姿态，如站姿、坐姿等，不同数字代表不同的姿态；将该运算器的 contextShading_ 输入端连接待模拟模型及周边可能造成阴影的环境模型。最后，将 UTCI Comfort 运算器的 Wind_speed 输入端连接由 Butterfly 运算得到的风速值。

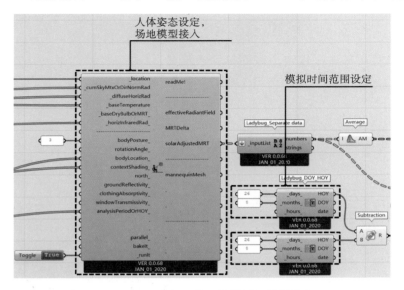

图 7.1-11　Ladybug 热环境模拟运算器设定

上述设定完成后，将 Boolean Toggle 运算器设置为 Ture 即可运行模拟。模拟完成后，将要分析的数据提取出来，以供后期研究使用。

3. 设计方案优化——Galapagos

通过 Grasshopper 中内置的 Galapagos 运算器，构建场地微气候优化平台，以街区舒适度为优化指标，实现优化算法自动寻优，再结合对数据的人工处理与对场地优化模型的比选，得到最终的设计方案。

在 Galapagos 运算器中，有遗传算法与退火算法可供选择。Galapagos 运算器参数设置界面如图 7.1-12 所示。

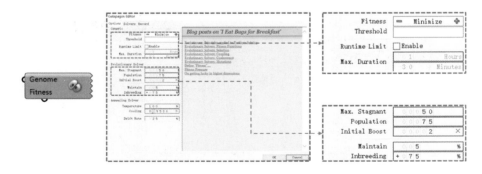

图 7.1-12　Galapagos 参数设置（Options）界面

Galapagos 运算器有两个输入端，其中，基因（Genome）输入端连接变量，如街区建筑形态、街道宽度等；适应度（Fitness）输入端连接优化指标，如风速、热舒适度等。

在 Galapagos 运算器参数设置（Options）界面中，适应度（Fitness）一栏，可以将求解的目标定为最大值或最小值，如风速最大值、热舒适度最小值；阈值（Threshold）一栏，可以设置求解的目标；求解时间限定（Runtime Limit）一栏，可以选择是否限制求解时间；最大持续时间（Max. Duration）一栏，可以设置求解时间最大值；最大种群代数（Max. Stagnant）一栏，可以通过设置种群代数最大值，来结束求解；种群（Population）一栏，可以设置种群中的个体数量；初始代迭代次数（Initial Boost）一栏，可以通过设置初始代的迭代次数，来控制得出最优解的运算时间；保留（Maintain）一栏，可以设置上一代优秀基因保留在下一代中的比例；同系繁殖（Inbreeding）一栏，可以设置是否与同系的个体进行繁殖以及同系个体之间的相似程度，达到控制变异程度的目的，实现算法优化。

如图 7.1-13 所示，在 Galapagos 的运算（Solvers）界面中，第一个按钮表示遗传算法，第二个按钮表示退火算法，第三个按钮"Start Solver"表示开始求解，第四个按钮"Stop Solver"表示停止求解。界面上方的折线图是求解情况的走势，折线转角处标记的是局部最优解；界面下方的三张图从左至右分别是种群基因分布情况、种群基因杂交情况以及每个局部最优解所对应的适应度数值。"复原（Reinstate）"按钮用于对适应度数值所对应的几何物体进行可视化展示。

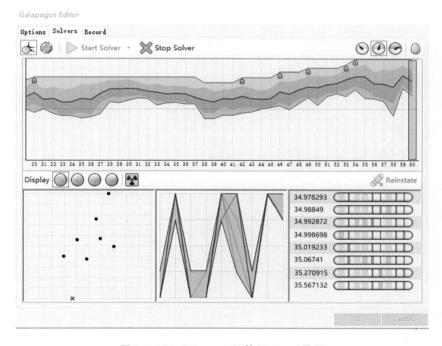

图 7.1-13　Galapagos 运算（Solvers）界面

设置完成后，点击"Start Solver"按钮即可开始求解。优化目标值和须导出的数据可以通过 TT Toolbox 记录并导出，供后期分析。

7.1.4 结果与分析

7.1.4.1 有效性检验

将获得的数据整理后,按舒适度指标从优到劣的顺序对所有数据进行排序,制成图表并进行分析。

对系统收敛情况与布局的变化趋势,以及遗传过程中的初始代、中间代和最优代数据进行比较分析,得出通用热气候指标(UTCI)从 35.84 ℃下降到 34.96 ℃,由此确定Galapagos 运算器对目标进行了有效的优化,系统运行过程具有方向性并且是有效的,通过系统的寻优可以得到较理想的街区建筑布局平面图,如图 7.1-14 所示。

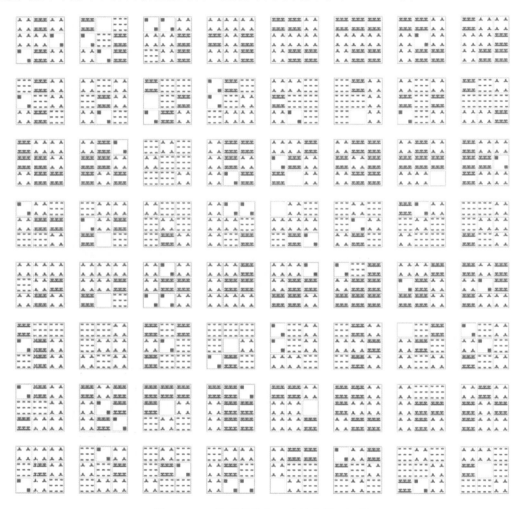

图 7.1-14 较理想的街区建筑布局平面图

7.1.4.2 优化结果

经过持续的优化,Galapagos 运算器在数值趋近于稳定之后停止运算,得到 321 组有效数据。将全部有效数据导入 Excel 中,得到通用热气候指标(UTCI)收敛到最小的遗传折线图,如图 7.1-15 所示。舒适度指标随遗传算法的不断运行呈明显的下降趋势,最高为 35.84 ℃,最低为 34.96 ℃,降温幅度高达 0.88 ℃,如图 7.1-16 所示。

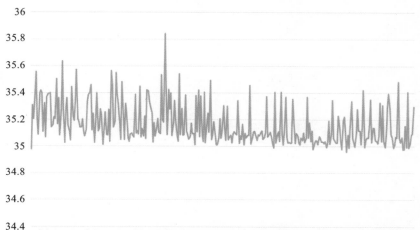

图 7.1-15 通用热气候指标(UTCI)收敛到最小的遗传折线图

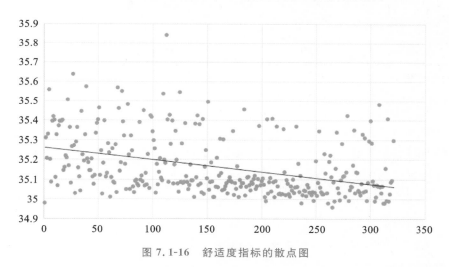

图 7.1-16 舒适度指标的散点图

街区建筑布局优化过程如图 7.1-17 所示,颜色反映通用热气候指标(UTCI)数值,颜色越红,对应的 UTCI 数值越大,舒适度指标越差;颜色越蓝,对应的 UTCI 数值越小,舒适度指标越好。优化过程最初的建筑平面布局灵活多变、建筑高度参差不齐,室外开敞空间尺度多样、分布不均匀,场地整体吸收的太阳辐射量较大,气流引导作用较差。随着舒适度指标的自动优化,街区建筑布局的规律渐趋明显,n = 265(Generation:19,Solution:15)为最理想的街区建筑布局。

7.1.4.3 结果分析

1. 建筑形态

舒适度指标最优的三组结果中,建筑形态均为集体宿舍、小区住宅,且这两种建筑形

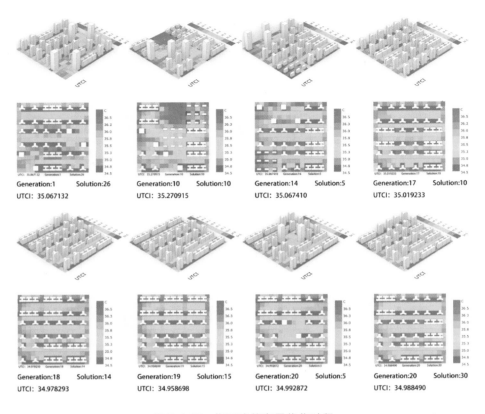

图 7.1-17　街区建筑布局优化过程

态的数量基本相等;舒适度指标最差的三组结果中,建筑形态有三种或四种。这表明街区中的建筑形态种类越多,舒适度指标越差。

2. 建筑平面布局

舒适度指标最优的三组结果中,室外开敞空间尺度适中,在场地内的分布较为均匀,形成了相对明显的通风廊道;舒适度指标最差的三组结果中,零星封闭的小尺度室外开敞空间与集中开敞的大尺度室外开敞空间并存。

3. 建筑高度布局

舒适度指标最优的三组结果中,建筑高度布局均采用了盛行风向下、前低后高且过渡均匀的布局;舒适度指标最差的三组结果中,建筑高度布局较为混乱。

4. 规划控制指标

在规划控制指标方面,当建筑密度、容积率指标相同时,街区内建筑的平面、高度布局的改变,会导致场地的舒适度产生变化;当场地的舒适度指标相同时,存在多种对应的街区建筑布局方案,在 Galapagos 运算器运算所得的 321 组有效数据中,当舒适度指标为35.010622 ℃时,对应的街区建筑布局方案多达 8 种。

7.1.5 结论

7.1.5.1 主要研究结论

（1）在街区建筑形态方面，建筑形态及其在街区中的布局会对场地微气候产生显著影响，如密集低矮的住宅建筑群风环境不佳，高层办公建筑的室外热环境不佳。因此，对场地进行规划设计时，须基于场地的气候特征，并充分考虑各种建筑形态的土地经济效益与建筑布局的通风采光效果，合理平衡土地利用率与微气候环境，提高人体舒适度。

（2）在街区建筑的平面布局方面，合理布局道路、广场、绿地等公共空间与建筑，打造完整、连续且顺应主导风向的室外开敞空间，有利于形成城市通风廊道，促进街区内部空气流通与地表热量的散发，改善城市热环境。

（3）在街区建筑的高度布局方面，迎风面的建筑高度低、背风面的建筑高度高、建筑高度变化平稳的布局，可引导气流深入街区内部，创造良好的城市风环境。

（4）在规划控制指标方面，规划前期要明确场地整体的最优布局，在此基础上，落实规定的各街区规划控制指标，以期实现气候适应性城市规划，获得城市整体微气候性能的近似最优解。

7.1.5.2 可能的创新点

本研究基于 Grasshopper 搭建集参数化建模、生态性能分析、设计方案优化于一体的研究平台，首先对广州市天河区的建筑形态特征进行总结，得出其在不同历史阶段中的标准化建筑体块，包括竹筒屋、集体宿舍、小区住宅和商业综合体四种建筑形态原型；然后以建筑形态和街道宽度为研究对象，选取典型的湿热天气条件，利用 Butterfly 和 Ladybug 模拟街区风热环境，通过 Galapagos 进行建筑布局的自动优化；最后从建筑形态、建筑平面布局、建筑高度布局和规划控制指标四个方面得出街区尺度建筑布局的优化策略。

7.1.5.3 不足与展望

本研究得出的数据须与场地实测结果进行对比，以验证研究结果的准确性；优化目标未考虑不同季节的热舒适度差异、街区的旋转角度、建筑密度、容积率等因素，后续研究可尝试多目标优化求解；研究结果精度不足，Butterfly、Ladybug 等由于研发时间的限制，其模拟精度、运算效率与传统的风热环境模拟软件有差距，后续研究可考虑城市下垫面材质、植被、水体等因素[1]。

7.2 基于三维 Voronoi 的住宅建筑形体优化设计研究

7.2.1 概述

Voronoi 最早应用于气象领域。荷兰气候学家 A・H・Thiessen 为计算各地区的平均降雨量，提出一种由随机点云的最近点连接而成的 Delaunay 三角形边线的中垂线所

---

[1] YUAN J, EMURA K, FARNHAM C. Is urban albedo or urban green covering more effective for urban microclimate improvement?: A simulation for Osaka[J]. Sustainable Cities & Society, 2017, 32: 78-86.

构成的多边形,即泰森多边形,也就是 Voronoi 多边形。

Voronoi 结构均等性、临近性的特点,使其具有一定的空间结构优化的应用潜力,进而使建筑设计可以很真实地反映生物生长的过程且符合可持续发展原则。基于 Voronoi 获得的建筑设计方案抛开了传统的方案中梁柱与建筑表皮分开处理的做法,使得建筑表皮在作为建筑外立面的同时扮演了结构的角色,摆脱了传统建筑中梁柱体系的束缚。

由于三维 Voronoi 空间由多个多面体组成,在结构受力时会由多个多面体将应力传导到各个点上,所以三维 Voronoi 空间结构比传统的梁柱结构更加稳定,且能将各部分应力的作用最小化[①]。

本研究基于三维 Voronoi 空间对上海市的住宅建筑形体进行优化设计研究,探讨在复杂多目标优化的条件下如何快速生成满足要求的设计方案。研究框架主要由建筑形体的参数化生成、评价生成的建筑形体和自动优化设计过程三部分组成,如图 7.2-1 所示。

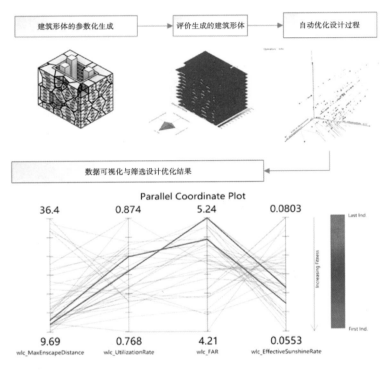

图 7.2-1　研究框架

7.2.2　研究方法

7.2.2.1　研究区域概况

本研究的实验地点设置为上海市。上海市地处长江入海口,是长江经济带的龙头城市,东连东海,南临杭州湾,北接江苏省,西接浙江省。上海市属亚热带季风气候,四季分明,日照充足,雨量充沛,温和湿润,春秋较短,冬夏较长,年平均气温为 16 ℃左右。按照《民用

---

①　陈达. 以 Voronoi 为例的形态自主构形参数化设计研究[D]. 天津:天津大学,2017.

建筑设计统一标准》(GB 50352—2019)中的气候区划分,上海市属于夏热冬冷地区。

7.2.2.2 建筑形体的参数化生成

1. 框架结构参数化模型

在本研究中,住宅理想化体量为长方体,设置面宽为 39.9 m,进深为 30 m,层数为 11 层,层高为 2.9 m。期望单元体边长设为 7.5 m,即期望单元体为 7.5 m×7.5 m×7.5 m 的正方体。

为了提升单元体的空间方向感,即获得更多的水平面与竖直面,应让更多的 Voronoi 点处于同一水平面或竖直面。因此,将水平距离小于 2.8 m 的点进行垂直对齐,将高度相差 0.7 m 以内的点进行高度校准,以保证更多的面为水平面或垂直面。

房间进深设为 6.6 m,挖去中庭部分。依据《住宅设计规范》(GB 50096—2011)的规定,走廊净宽不应小于 1.2 m。设走廊宽度为 1.2 m,扶手高度为 1.2 m,建立回形走廊。设框架宽度为 0.2 m,建立 Voronoi 框架。提取与走廊相连的 Voronoi 体块为房间体块。如图 7.2-2 所示。

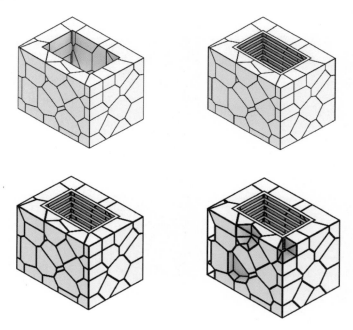

图 7.2-2　框架结构参数化模型生成图示

2. 房间体块参数化模型

对 Voronoi 体块以层高面进行切割,获得各个楼层平面。依据《建筑工程建筑面积计算规范》(GB/T 50353—2013)的规定,形成建筑空间的坡屋顶,结构净高在 2.10 m 及以上的部位应计算全面积;结构净高在 1.20 m 及以上至 2.10 m 以下的部位应计算 1/2 面积;结构净高在 1.20 m 以下的部位不应计算建筑面积[1]。计算各个房间体块的建筑面

---

① 中华人民共和国住房和城乡建设部,中华人民共和国国家质量监督检验检疫总局.建筑工程建筑面积计算规范:GB/T 50353—2013[S].北京:中国计划出版社,2013.

积,小于 4 m² 的不计入。Voronoi 房间体块楼层图示如图 7.2-3 所示。

依据《民用建筑热工设计规范》(GB 50176—2016)的规定,居住建筑各朝向的窗墙面积比,北向不大于 0.25;东西向不大于 0.30;南向不大于 0.35①。设定各个朝向的窗墙面积比为最大值,并开窗,如图 7.2-4 所示。

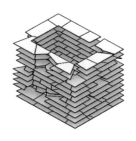 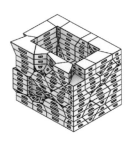

图 7.2-3　Voronoi 房间体块楼层图示　　　　图 7.2-4　Voronoi 房间体块开窗图示

3. 核心筒参数化模型

在走廊内侧随机生成三个疏散门。依据《住宅设计规范》(GB 50096—2011)的规定,设置最小安全出口的间距为 5 m。设各个房间体块大门宽度为 1.5 m,并根据疏散门的位置寻找最短疏散距离。如果某个房间体块无法容纳大门,则去除。设核心筒的面宽与进深均为 5 m,顶层(电梯设备层)层高为 4.5 m,建立核心筒。如图 7.2-5 所示。

7.2.2.3　评价生成的建筑形体

1. 容积率

如果方案的实际容积率因为种种原因无法达到容积率上限,则减少的建筑面积无法折算地价返回房地产开发商,会造成一定程度的损失。因此,在方案设计阶段,预先估算容积率是一项非常必要的工作。容积率估算方法为将各楼层平面面积累加,除以整个体块的占地面积。

2. 空间利用率

由于 Voronoi 体块存在坡屋顶,所以尽管所有 Voronoi 体块均被设为房间体块,但依然有部分空间因为过于低矮而无法使用。因此,将层高高于 2.1 m 的空间设为可用空间,所有可用空间与总空间的比值为空间利用率。Voronoi 房间体块可用空间如图 7.2-6 所示。

3. 最大疏散距离

根据每个房间体块与疏散门的最近距离设置大门,并绘制疏散路径,如图 7.2-7 所示,计算出所有可能情况的最大疏散距离。

4. 满足大寒日日照时数的面积比

《住宅设计规范》(GB 50096—2011)对住宅日照时数的要求属于强制性规定,在住宅

---

① 中华人民共和国住房和城乡建设部.民用建筑热工设计规范:GB 50176—2016[S].北京:中国建筑工业出版社,2016.

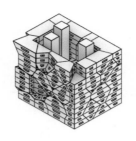

图 7.2-5　建立核心筒

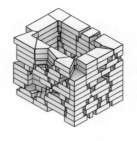

图 7.2-6　Voronoi 房间体块可用空间

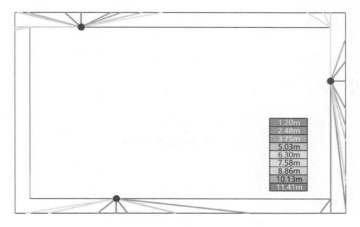

图 7.2-7　疏散路径

设计中必须严格执行。而 Voronoi 房间体块的位置往往会影响其日照时数,如何保证各个 Voronoi 房间体块能同时满足规范的强制性规定,是 Voronoi 住宅设计中较为突出的问题。

依据《城市居住区规划设计标准》(GB 50180—2018)的规定[①],日照标准为大寒日,即 1 月 20 日,日照时数为大于或等于 2 h,有效日照时间带为 8 时至 16 时。

依据《建筑日照计算参数标准》(GB/T 50947—2014)的规定[②],设置网格间距为 0.8 m,时间步长为 12,即 5 min。

通过 Ladybug 进行日照时数的计算,再算出满足大寒日日照时数的面积比。

7.2.2.4　自动优化设计过程

本研究采用 Wallacei 进行多目标迭代寻优。其中,设三维 Voronoi 的 Seed 和疏散门位置的 Seed 为变量,并作为 Wallacei 的基因池,见表 7.2-1。将容积率、空间利用率、最大疏散距离和满足大寒日日照时数的面积比作为 Wallacei 的优化目标,并将需要求最大值的优化目标(即容积率、空间利用率、满足大寒日日照时数的面积比)取倒数。

---

①　中华人民共和国住房和城乡建设部.城市居住区规划设计标准:GB 50180—2018[S].北京:中国建筑工业出版社,2018.

②　中华人民共和国住房和城乡建设部.建筑日照计算参数标准:GB/T 50947—2014[S].北京:中国建筑工业出版社,2014.

设迭代数目为 20,每代数量为 50,交叉概率为 0.9,突变概率为 $1/n$,交叉分布指数为 20,突变分布指数为 20,随机种子为 1,进行运算,如图 7.2-8 所示。

表 7.2-1　变量

变　量　名	区　　间	单　　位	类　　型
Voronoi 3D Point Seed	0~100	—	整型变量
Exit Seed	0~100	—	整型变量

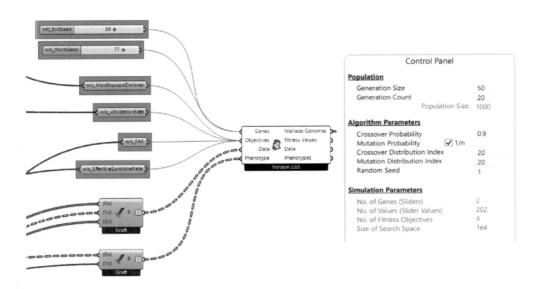

图 7.2-8　Wallacei 设定

多目标迭代寻优结束后,得到最后一代共 50 个优化解,其中 47 个优化解有效。

7.2.3　结果

根据 Wallacei 数据折线图,计算得出所有优化解的各个数据的范围及均值,如图 7.2-9 和表 7.2-2 所示。

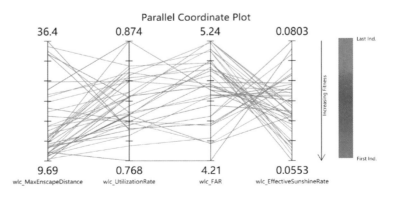

图 7.2-9　Wallacei 数据折线图

表 7.2-2 数据范围及均值

数 据 名	单 位	范 围	均 值
最大疏散距离	m	9.69~36.4	17.68
空间利用率	%	76.8~87.4	81.8
容积率	—	4.21~5.24	4.82
满足大寒日日照时数的面积比	%	5.53~8.02	6.75

设定最大疏散距离大于 15 m,容积率大于 5,满足大寒日日照时数的面积比大于 6%;计算每个优化解满足大寒日日照时数的房间比。设定满足大寒日日照时数的房间比大于 85%,最终筛选出 2 个优化解,如图 7.2-10 和表 7.2-3 所示。

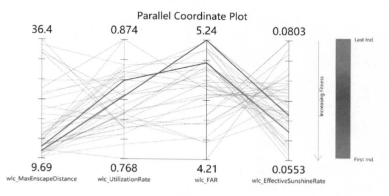

图 7.2-10 筛选优化解

表 7.2-3 筛选出的 2 个优化解

缩 略 图	最大疏散距离	空间利用率	容 积 率	满足大寒日日照时数的面积比
	12.4 m	83.8%	5.05	6.13%
	11.4 m	82.4%	5.24	6.48%

7.3　基于光热性能优化的南京市动态建筑表皮设计研究

7.3.1　概述

在建筑的使用过程中,有近一半的能源消耗是由外围护结构(即建筑表皮)直接或者间接造成的。建筑表皮作为建筑与外部环境接触的主要界面,是建筑应对气候最直接、关键的部分。建筑表皮影响建筑热环境、光环境、风环境和能耗等,是实现建筑功能的重要元素。在环境状况逐渐恶化、热岛效应等极端现象日趋严重的现在,动态建筑表皮因具有智能调节建筑内外环境的作用,成为建筑表皮发展的新趋势。本研究通过参数化工具构建动态建筑表皮,并进行光热性能模拟和优化实验,筛选出满足建筑设计师要求的建筑表皮优化解。"形态建模→性能模拟→算法优化→方案筛选"的流程简洁高效,对于设计前期的方案生成与推敲具有很好的应用价值。

7.3.2　背景介绍

2020年中国建筑能耗研究报告里的统计结果显示[①],截至2016年全国建筑总面积达到634.87亿平方米,其中公共建筑面积约为115.06亿平方米。从单位面积能耗强度来看,公共建筑的能耗强度最高,且一直保持增长的趋势。而办公建筑作为公共建筑的重要类型之一,具有巨大的节能潜力,在经济发达的长三角地区尤其如此。建筑能耗与生态性能受多方面因素的影响。近年来,越来越多的建筑设计师试图将绿色节能的策略融入建筑设计之中,以实现高性能和零能耗建筑设计。如图7.3-1所示,在建筑全系统组成中,建筑表皮是被动式气候调节系统,可减少建筑的能耗和对环境的不利影响。

伴随着建筑技术的发展,建筑表皮与结构部分逐渐脱离,建筑表皮的设计成为建筑设计中重要的一环,并逐渐形成复合性和可变性的趋势。复合建筑表皮通过调节外部环境对建筑内部的影响,以实现更好的自然通风、采光和被动式降温等效果。同时,建筑表皮常常具备一定的可变性,可以灵活地应对不同的外部环境。如可动的遮阳构件可以根据阳光强度对自身进行调整,以维持室内的光热舒适度。

近年来涌现出越来越多的新型建筑表皮案例,如巴哈尔塔、基弗技术展厅和阿拉伯世界文化中心等,如图7.3-2所示。

其中,巴哈尔塔(AI Bahar Tower)作为阿布扎比投资委员会(ADIC)的新总部大楼,位于阿联酋首都阿布扎比。该建筑由Aedas建筑事务所主持设计,设计师从传统元素Mashirabiya中找到灵感,创作出别具一格的动态遮阳系统。Mashirabiya是一种中东传统纹样木格栅,人们在临街墙面以及庭院墙体的窗户上会用到这种样式繁复的木格栅,用以遮挡阳光与保护隐私(类似中国的传统雕花窗格)。设计师将Mashirabiya与建筑遮阳系统结合,并根据太阳的运行轨迹进行设计,使能源消耗降低并且给室内带来更好的视野与采光,如图7.3-3所示。

---

① 中国建筑节能协会能耗专委会.中国建筑能耗研究报告(2020)[J].建筑节能(中英文),2021,49(02):1-6.

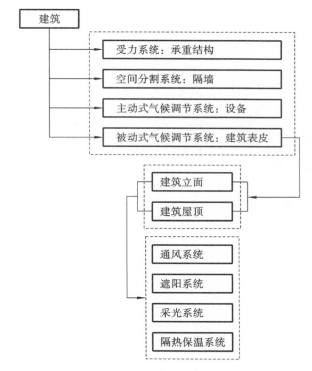

图 7.3-1　建筑全系统组成

图 7.3-2　新型建筑表皮案例：巴哈尔塔（左）、基弗技术展厅（中）、阿拉伯世界文化中心（右）

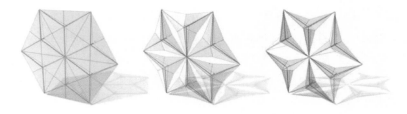

图 7.3-3　巴哈尔塔建筑表皮的动态遮阳系统

　　建筑表皮作为现代建筑审美与文化直观的外在表达，又作为调节建筑内外环境的重要界面，其设计方法与设计目标愈发多元化。如何构建出丰富多样的建筑表皮参数化模型以及快速有效地找到建筑表皮的优化解是本研究的主要关注点。本研究参考巴哈尔塔建筑表皮的动态遮阳系统所使用的生形算法来构建参数化模型，以南京市办公建筑的光热性能优化为目标，进行生态性能寻优。本研究可以帮助设计师在前期设计阶段兼顾建筑表皮形式与建筑内部性能,从而进行快速的方案比较与选择,提高设计效率。此外,本研究提出的动态建筑表皮生成与优化流程是通用的,可以运用于其他类型的建筑表皮设计中。本研究的研究框架如图 7.3-4 所示。

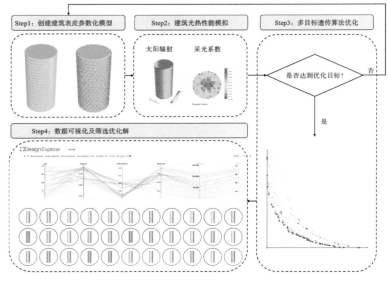

图 7.3-4　研究框架

7.3.3　研究方法

7.3.3.1　研究区域概况

本研究的实验地点设置为南京市。南京市属亚热带季风气候,雨量充沛,四季分明,年平均气温 15.4 ℃,年极端气温最高 39.7 ℃、最低−13.1 ℃,年平均降水量 1106 mm。春季风和日丽,梅雨时节阴雨绵绵;夏季炎热;秋季干燥、凉爽;冬季干燥、寒冷。

7.3.3.2　创建建筑表皮参数化模型

本研究设置实验建筑平面为圆形,建筑面积约为 1500 m²,共有 20 层,层高 4.2 m。围护结构主要为玻璃幕墙,其窗墙面积比为 0.8。南京市办公建筑的表皮设计较为复杂,要考虑遮阳与人工照明的关系、视野与人员隐私的关系、采光与眩光的关系等。而且,南京市的建筑设计须综合考虑夏季遮阳和冬季采光。此外,由于办公建筑内工作人员的位置通常是固定不变的,对室内的光热环境要求较高,而建筑表皮对室内遮阳与采光发挥着重要的作用,所以设计师应针对性地进行性能分析以指导遮阳设计。

本研究对实验建筑赋予动态建筑表皮作为遮阳系统,设计变量包括表皮单元尺寸(Facade_unit_size)、表皮单元折叠程度(Facade_unit_fold)和表皮单元水平深度(Facade_unit_thickness)。为保证建筑表皮采样与性能模拟流程的顺利进行,对建筑表皮参数化模型的变量范围进行约束并赋予变化区间。根据实际设计和施工经验,将建筑表皮单元尺寸变化区间设置在 1.0～2.0 m 之间。由于办公建筑对自然采光的要求较高,所以建筑表皮单元折叠程度不宜过小,变化区间设置在 0.5％～1.0％之间。经过折叠后建筑表皮单元的水平深度变化区间设置在 1.0～3.0 m 之间。综上所述，建筑表皮的设计变量见表7.3-1。

表 7.3-1　建筑表皮设计变量

变　量　名	变 化 区 间	单　位	类　型
表皮单元尺寸(Facade_unit_size)	1.0～2.0	m	连续变量
表皮单元折叠程度 （Facade_unit_fold）	0.5～1.0	％	连续变量
表皮单元水平深度 （Facade_unit_thickness）	1.0～3.0	m	连续变量

7.3.3.3　建筑光热性能模拟

本研究使用 Ladybug 分析动态建筑表皮对于实验建筑的太阳辐射和自然采光的影响。如图 7.3-5 所示分别为实验建筑表皮在夏季和冬季接收的太阳辐射图示。

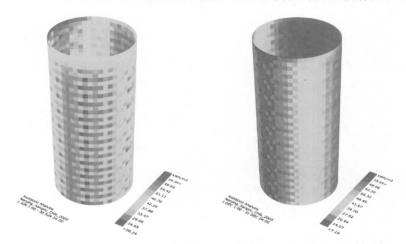

图 7.3-5　建筑表皮在夏季(左)和冬季(右)接收的太阳辐射

关于太阳辐射,本研究定义优化目标为动态建筑表皮在夏季接收的太阳辐射与冬季接收的太阳辐射差值。计算公式如下:

$$RAD＝Radiation\_summer－Radiation\_winter$$

关于自然采光,本研究选用基于静态光环境评价的采光系数(Daylight Factor)作为评价指标与优化目标。根据《采光设计标准》(GB 50033—2013)的定义,采光系数是指在室内参考平面上的一点,由直接或间接地接收来自假定和已知天空亮度分布的天空漫射光而产生的照度与同一时刻该天空半球在室外无遮挡水平面上产生的天空漫射光照度之比。采光系数也称为日光系数,是室内某一点的自然光照度与室外日光照度之间的百分比。由于本研究设置的实验建筑各层并无差异,所以选取其中一层进行采光系数模拟,结果如图 7.3-6 所示。

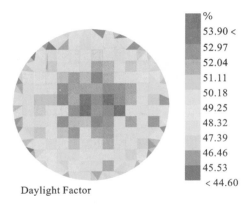

Daylight Factor

图 7.3-6　采光系数模拟结果

此外,为了量化分析动态建筑表皮对于建筑光热性能的影响,本研究设定无动态建筑表皮的建筑本体为对照建筑,平行地进行建筑光热性能模拟。

7.3.3.4　多目标遗传算法优化及数据分析

本研究采用 Octopus 对动态建筑表皮参数化模型的性能进行多目标遗传算法优化。其中,Elitism 设定为 0.5,Mut. Probability 设定为 0.2,Mutation Rate 设定为 0.9,Crossover Rate 设定为 0.8。受到计算机的限制,本研究将每一代的种群大小(即每一代解的数量)设定为 40,运算代数设定为 20,如图 7.3-7 所示。

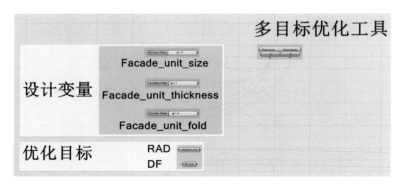

图 7.3-7　多目标遗传算法优化的相关设置

多目标遗传算法优化过程结束后,得到最后一代共 41 个优化解。本研究利用 Design Explorer[①] 对这些优化解进行可视化,使设计师能够快速有效地对优化解进行选择,如图 7.3-8 所示。

7.3.4　结果与分析

7.3.4.1　性能优化潜力分析

本研究以建筑光热性能模拟数据为基础,首先分析所有优化解的性能模拟数据的最

---

① http://tt-acm.github.io/DesignExplorer/.

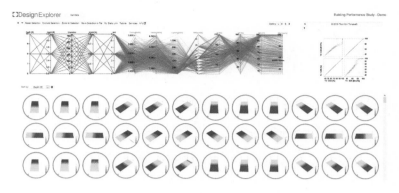

图 7.3-8　Design Explorer 界面

大值和最小值,发掘动态建筑表皮的性能优化潜力;其次与对照建筑进行比较,量化分析动态建筑表皮对建筑光热性能带来的提升效果。

根据建筑表皮太阳辐射得热差值(RAD)图(图 7.3-9),实验建筑表皮太阳辐射得热差值(RAD)整体分布于 2050.35~151259.75 kW・h 之间,平均数值为 57477.19 kW・h。相比而言,对照建筑表皮太阳辐射得热差值(RAD)为 213577.34 kW・h,约为实验建筑平均数值的四倍。这表明动态建筑表皮可有效降低夏季有害辐射,同时不降低太多冬季有利辐射。因此动态建筑表皮在建筑表皮太阳辐射得热方面具有很大的优化潜力。

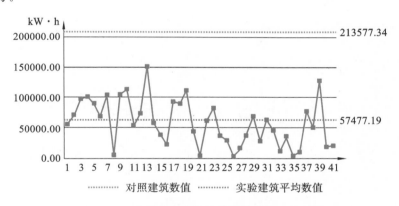

图 7.3-9　建筑表皮太阳辐射得热差值(RAD)图

如图 7.3-10 所示,所有优化解的采光系数(DF)模拟数据整体分布于 11.98%~51.11%之间,平均数值为 34.68%。相比而言,对照建筑的采光系数高达 62.45%。这表明动态建筑表皮使得采光系数有所下降。然而,一方面实验建筑的采光系数仍然能满足国家相关规范、标准对于办公建筑采光系数的最低要求(3%),另一方面采光系数过大可能会带来不舒适眩光等问题。因此综合来看,动态建筑表皮对于办公建筑室内采光而言是合格且有益的。

7.3.4.2　优化解的筛选

优化解的筛选以光热性能为导向,采用平行坐标图来展示设计变量和光热性能数据,进而筛选出最优解。如图 7.3-11 所示,本研究将模拟得到的 41 个优化解的数据和图

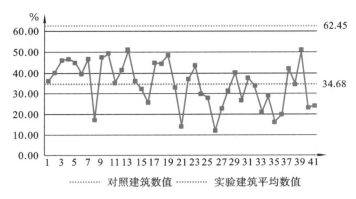

图 7.3-10　采光系数(DF)图

像上传到 Design Explorer 官方网站,得到平行坐标图,平行坐标图下方为相应优化解的建筑表皮。

　　通过限定平行坐标图中 RAD 和 DF 的数值区间,将优化解的范围进行缩小。其中,将 RAD 数值区间设定为 $0 \sim 5000$ kW·h,将 DF 数值区间设定为 $35\% \sim 45\%$,筛选出 5 个满足要求的优化解,如图 7.3-12 和表 7.3-2 所示。

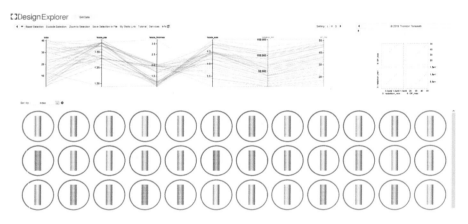

图 7.3-11　所有优化解的设计变量和光热性能数据

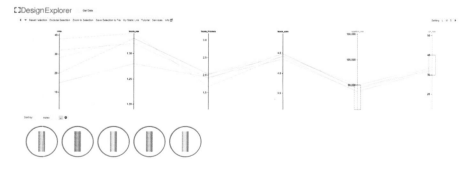

图 7.3-12　筛选出的优化解的设计变量和光热性能数据

表 7.3-2　筛选出的优化解

序号	尺寸（m）	折叠程度（%）	水平深度（m）	RAD（kW·h）	DF（%）
1	1.28	0.87	1.94	37920.55	37.28
2	1.33	0.896	2.04	43321.76	37.88
3	1.33	0.882	2.02	36749.36	36.24
4	1.32	0.896	1.91	44666.34	38.79
5	1.32	0.81	1.67	35397.74	34.17

7.3.5　结论

建筑表皮的评价指标与优化目标往往是复杂多样的，涉及采光、遮阳、能耗和室内舒适度等。本研究主要聚焦于动态建筑表皮对于办公建筑的光热性能优化，提出一种完整的动态建筑表皮设计框架，并以南京市的办公建筑为例进行实验和分析。结果表明动态建筑表皮一方面可以显著优化办公建筑表皮太阳辐射得热情况；另一方面虽然会降低办公建筑采光系数，但仍然满足相关标准。

本研究主要存在以下不足。

（1）未考虑动态建筑表皮的材料属性，可能会导致实验结果与真实情况有所偏差。

（2）优化目标单一。动态建筑表皮的优化目标应当是更为多样的，如建筑能耗、室内风环境等，不同的评价指标与优化目标可能会导向不同的最优解。

（3）受到计算机的限制，未对算法优化进行充分应用，可能会导致其他优化解未被发现。

综合来看，本研究可作为动态建筑表皮设计的一次初步探索。在下一步的探索中，应当分析更为多样的动态建筑表皮优化目标，并系统考虑办公建筑生态性能评价指标，以期给相关的设计师和工程师提供参考。